AF345182

NOUVEAU SYSTÈME

SUR

LE FLUX ET LE REFLUX DES MERS.

NOUVEAU SYSTÈME

SUR

LE FLUX ET LE REFLUX DES MERS

OU

DISSERTATION

SUR LA VRAIE CAUSE

DU FLUX ET REFLUX DE L'OCÉAN

ET DE TOUTES LES MERS;

SUIVIE

D'UNE AUTRE DISSERTATION

SUR LES COURANS

QUI SE TROUVENT DANS LES DIFFÉRENTES MERS,

SOUS TOUTES LES LATITUDES,

PAR P. VASTEL, P.,

ANCIEN PRINCIPAL DE COLLÉGE.

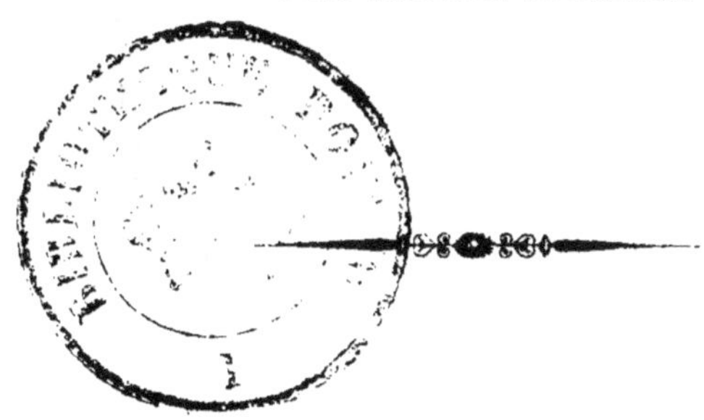

PARIS,

C. EBERHART, IMPRIMEUR-LIBRAIRE,

RUE DU FOIN S.-JACQUES, 12.

1836.

AVANT-PROPOS.

Encore un système sur le flux et le reflux des mers! dira-t-on. Après tant d'efforts inutiles pour découvrir ce mystère de la nature, que peut-on dire de nouveau? Quelles sont les causes naturelles auxquelles on n'ait pas eu recours pour l'expliquer? Rien n'a été oublié : mathématiques sublimes, calculs profonds, recherches pénibles, observations importantes; tout a été mis à contribution. Les génies les plus élevés y ont épuisé leur sagacité : on a inventé tourbillons sur tourbillons; on a donné à l'atmosphère de la Lune une force compressive sur les eaux de l'Océan; on a créé des gouffres pour y absorber les eaux et les faire dégorger périodiquement ; on a supposé des feux souterrains pour les raréfier de tems en tems; on a fait intervenir des esprits occupés à balancer les mers; on a

a

calculé la force de l'attraction du Soleil et de la Lune sur les eaux pour les élever à la hauteur convenable; on a fait fondre les glaces des deux pôles pour fournir la masse des eaux nécessaires à ce phénomène périodique. Que reste-t-il donc à inventer? Voilà ce que l'on dira, et ce que je me suis dit à moi-même, en commençant à jeter sur le papier mes pensées sur ce mouvement étonnant des eaux; et ces réflexions m'ont découragé plus d'une fois dans la rédaction de cet ouvrage.

Un hasard m'en a fait naître la première idée. Je lisais un jour un ouvrage sur l'attraction universelle, non seulement des globes, mais même des mondes entre eux, par laquelle ils se maintiennent en équilibre, les uns avec les autres, selon des lois qu'on y développe avec beaucoup de génie, et j'y trouvai, à l'article du niveau des mers, que les eaux au fond du golfe du Mexique sont élevées de plus de soixante toises au-dessus du niveau de celles de la mer du Sud. Ce fait étonnant me frappa, et je cherchai à m'en rendre raison ; mon imagination se mit à travailler, et de conséquence en conséquence, je vins à me persuader que le mouvement de la Terre, sous l'équateur, pourrait bien en être la cause ; mais ce n'était encore qu'un aperçu. J'étudiai le système de l'attraction dans le dictionnaire de physique du P. Paulian, et je le dirai à ma honte, je n'en fus pas satisfait. Ainsi je passai, par un saut d'imagination assez naturel aux personnes d'un caractère vif, à l'application que j'en ai faite au phénomène du flux et du reflux.

D'abord je posai des principes fondés sur l'expérience, puisqu'elle seule peut nous instruire, et qu'il n'y a point d'édifice sans fondement. Puis j'établis des faits qui me servirent de données pour la solution du problême que je me proposais : données incontestables qu'offre l'aspect de la Terre et des mers. Après quoi, je conçus la possibilité de deviner le secret de la nature, et je me mis à développer mes idées et à satisfaire aux difficultés qui naissent en

a*

foule sous la plume à mesure que l'on avance dans cette carrière : mais je me suis aperçu bien des fois que les mers n'étaient pas assez connues.

Je me fis ensuite ces questions : Pourquoi cette élévation surprenante des eaux dans le golfe du Mexique en sens contraire au mouvement de la Terre? Pourquoi les eaux des deux mers ne sont-elles pas de niveau, comme elles devraient l'être, puisqu'elles ne communiquent point entre elles par des détroits serrés, mais par des espaces immenses vers le cap de Bonne-Espérance? Ces difficultés me firent redouter l'erreur par la crainte de ne pouvoir y satisfaire; cependant ayant considéré avec attention un globe terrestre, je m'aperçus que les continens ont plus souffert vers l'Orient que vers l'Occident; et remarquant que les caps, les détroits, les golfes, affectent une direction différente entre les tropiques que sous les pôles, je m'imaginai que les mers devaient se porter effectivement avec plus de violence sur leurs rivages occidentaux que sur les côtes opposées, puisque ceux-là sont plus endommagés que ceux-ci; d'où je conclus que les eaux ne devaient pas être effectivement de niveau. Cette observation me fit revenir à mes premières idées. L'image que je me fis ensuite de la force centrifuge du mouvement de la Terre sous le grand cercle de l'équateur; la résistance de l'atmosphère et la puissance des eaux, quand elles sont rassemblées en un volume tel que celui de l'Océan, tout cela acheva de me convaincre que mes aperçus étaient fondés. L'entreprise des eaux sur les terres situées au bord des rivières, me démontra sensiblement la cause des sinus qui festonnent les rivages maritimes, et la raison pourquoi les côtes orientales des continens sont plus morcelées que les côtes occidentales par l'entreprise des eaux.

Une seule chose me restait à connaître, c'était de savoir si les eaux de notre globe pouvaient être sensibles à l'impulsion de son mouvement au point que je me le figurais, ne faisant qu'un tout avec lui?

L'eau , me disais-je, est un fluide essen-
tiellement divisible et mobile en tous sens,
dans son état naturel; sensible même au
souffle du zéphir, et qui obéit sous nos yeux
à la moindre puissance qui lui commande;
elle obéira donc à plus forte raison à l'impulsion du mouvement terrestre. Car,
quoique consignée par la main du Tout-puis-
sant sur le globe, elle n'en conserve pas
moins les lois essentielles à son élément. Si
les vents dans la tempête ont plus de prise
sur les eaux que l'attraction même, s'ils
bouleversent les mers jusque dans leurs
abîmes, et les transportent d'un lieu à
l'autre avec une force qui étonne, comment
une impulsion qui fait mouvoir notre globe
avec une vitesse cinq fois plus grande que
celle des vents les plus fougueux, ne pour-
rait-elle pas les déplacer? Si l'attraction,
comme on dit, d'un astre placé à 80,000
lieues loin de nous, en trouble l'inertie, à
plus forte raison une puissance qui fait
faire à notre globe 125 lieues par heure,
en agitera-t-elle la masse. Il faut ignorer

l'effet du choc et la nature des fluides pour contester ces conséquences. Il ne me restait donc aucun doute sur la cause que je soupçonnais.

Ceci posé, examinant toujours le globe, je m'aperçus bientôt qu'il est impossible qu'il n'y ait pas une force plus puissante qui porte les eaux vers l'orient de l'Asie et de l'Amérique, que vers les points opposés et correspondans des deux continens. Je la cherchai et je la trouvai dans le ressort de l'atmosphère uni au mouvement centrifuge de la Terre, tandis qu'elles ne reprennent leur équilibre que par leur propre poids.

En effet, quand on porte devant soi, en marchant, un bassin rempli d'eau et d'une capacité proportionnée, c'est sur soi qu'on répand la liqueur qu'il contient. Ceci est d'une expérience journalière; elle ne se répandra par le bord opposé que par réaction : par conséquent, la force qui renvoie les mers sur les côtes occidentales des continens, ne peut consister que dans leur propre poids affaibli par la résistance continuelle de l'atmosphère.

Aussi est-il de fait, que les rivages occidentaux sont bien moins endommagés par l'entreprise des eaux, que les rivages orientaux des deux continens. D'où je conclus que le flux et le reflux n'ont pour cause que celle que j'indique dans ce moment, en attendant une plus ample démonstration.

Il est vrai que le balancement des eaux entre les différentes côtes ne forme encore que la possibilité d'un flux uniforme et régulier ; mais si l'on fait attention que l'air plus ou moins raréfié de la zone torride, selon que le Soleil parcourt l'un ou l'autre tropique, l'air plus ou moins condensé des pôles par la même raison ; les sinuosités des rivages, les vents irréguliers qui règnent dans cette partie du monde, les tems périodiques qu'il faut aux eaux de la mer des Indes, 1°, et à celles de la grande mer Pacifique, 2°, pour se rendre par le cap de Bonne-Espérance dans l'océan Atlantique et de cet océan dans la mer des Indes par le cap de Horn (car toutes les eaux jouent nécessairement un rôle important dans ce mécanisme hydraulique comme on le verra ci-après), on suspendra son jugement jusqu'à ce que j'aie développé entièrement mes idées sur cet objet. Au reste, tel est en abrégé l'enchaînement des réflexions qui m'ont porté à rédiger cette dissertation. Peut-être sera-t-elle de quelque utilité à la société, ou fera-t-elle naître quelques nouvelles idées qui porteront une plume plus habile que la mienne à perfectionner ce système, si toutefois on peut lui donner ce nom.

Ce système, ce me semble, achève de démontrer le mouvement de la Terre sur son axe. Il confirme la vérité des idées de Copernic sur le système du monde; il peut servir à prouver l'aplatissement des pôles du globe; il est conforme à la théorie de la terre de M. de Buffon; il indique assez directement qu'il n'y a point de terres habitables sous les pôles; il fait voir que la cause immédiate du flux et du reflux réside sous le grand cercle de l'équateur terrestre, mais que les sources en sont aux pôles; d'où il résulte que la Terre n'est taillée en fuseau aux caps de Horn, de Bonne-Espérance, de Comorin, du Nord, etc., que par rapport à d'anciens courans, avant que les mers fussent ce qu'elles sont aujourd'hui; que le cap de Bonne-Espérance n'est tronqué comme il l'est en comparaison de celui de Horn, que par les eaux que les mers du Sud et des Indes envoient dans l'océan Atlantique; que les îles même ne sont différemment prolongées tantôt du Nord au Midi, tantôt d'Orient en Occident sous plusieurs parallèles, et ne sont arrondies sous d'autres qu'à cause du mouvement des eaux que celui de la Terre attire perpétuellement des pôles à l'équateur, et qui se portent d'Orient en Occident, comme on le verra dans la suite de l'ouvrage ; que les mers sont bien plus élevées sous l'équateur que vers les pôles, comme le démontre cette multitude de petites îles et d'archipels qui se trouvent entre les tropiques et l'étendue des mers que l'on y voit, etc., etc.

Si les mers ne composaient qu'un léger volume d'eau, elles n'éprouveraient aucune sensation, si je puis m'exprimer ainsi, du mouvement de la Terre, attachées au fond de leurs bassins par les lois ou de la gravité ou de l'attraction centrale, ou enfin de la pression atmosphérique, comme on voudra; elles seraient emportées d'un mouvement commun avec les terres, et il n'y aurait ni flux, ni reflux, ni courans. Les pluies seraient plus rares, parce que les mers seraient plus tranquilles, les tempêtes moins fréquentes, et le globe moins défiguré. Si un étang ne s'irrite pas sous l'effort de la tempête, comme la mer Atlantique, c'est qu'il n'a pas un volume d'eau nécessaire. Une goutte d'eau ou de rosée reste immobile sur la feuille que le vent agite, au lieu que le ruisseau se ride sous le souffle même du zéphir; mais le volume des mers est immense, les terres habitables ne composent pas le cinquième de la Terre en surface, par conséquent elles doivent suivre les lois de leur élément.

Quand on écrit sur un phénomène, on ne tarde pas à être entraîné à réfléchir sur l'autre. Le passage n'est pas difficile, on l'a bientôt franchi. Ainsi, de la cause du flux et du reflux, j'ai passé à celle des courans : elle est la même, et j'ai regardé cette identité comme le complément de ma démonstration. Puis, voulant me rendre compte de l'état actuel des mers, j'ai cherché à expliquer la raison pourquoi elles ne regorgent point malgré le tribut perpétuel que leur paient les pluies et tous les fleuves qui s'y déchargent : ce qui m'a donné occasion de traiter de l'évaporation des liqueurs. Puis je me suis permis d'ouvrir mon sentiment sur les causes de l'aurore boréale, de l'azur du firmament, et sur la nature des comètes, etc., de manière qu'une idée m'en a fait naître cent (*).

On objectera peut-être, que la direction de quelques courans n'est pas favorable à mes aperçus, je n'en connais point de contraire. Au reste, dans la nature, les lois générales souffrent toujours exception. L'or-

----

(*) Dans cet ouvrage je n'ai traité que du flux et du reflux des mers et des courans : ce que j'ai écrit sur les autres matières que j'indique ici, n'est pas publié.

dre n'y est pas établi avec le scrupule que l'on met dans l'arrangement d'un cabinet que l'on dispose; tout y est presque confondu sans désordre. Mais quand l'objection serait fondée, qu'en conclure? Sinon qu'il y a sous les eaux et au fond des mers des obstacles invisibles et puissants qui les forcent à une direction opposée. Le fond des mers n'est pas uni comme une glace, et il ne faut qu'une colline prolongée en sens contraire pour leur faire prendre une route différente.

Sans nom dans les lettres, sans secours et sans appui! à quoi vais-je m'exposer? me suis-je dit en écrivant le résultat de mes observations. Le public rendra-t-il justice à mes vues? ne blâmera-t-il pas ma témérité?

Néanmoins, après quelques années de réflexion, ce système se présentant toujours à moi sous le même point de vue, et séduit par la facilité avec laquelle on peut répondre, je crois, aux difficultés embarrassantes dans toute autre hypothèse; encouragé outre cela par le suffrage de personnes

instruites auxquelles j'en avais communiqué quelque chose, j'ai fini par me décider
à faire connaître mon exposé sur cette
partie de la physique naturelle. Si cet ouvrage peut être de quelque utilité, mon but
sera rempli.

Je demande au lecteur assez de patience
pour me lire, assez de constance pour
m'étudier, et assez d'indulgence pour me
pardonner s'il n'est pas satisfait.

ERRATUM.

Page 16, l. 10, *au lieu de* : plus la lune avance vers son plein,
lisez, plus la lune s'éloigne de son plein.

TABLE DES MATIÈRES.

DISSERTATION

SUR

LA VRAIE CAUSE

DU FLUX ET DU REFLUX DES MERS.

Il y a peu de phénomènes dans la nature qui aient plus exercé la plume des savants que celui-ci, et sur lequel on ait bâti plus de systèmes. Dès que l'homme a été capable de réfléchir sur les objets qui frappaient ses sens, il a dû être étonné de ce balancement des eaux de la mer, d'un rivage vers l'autre, de cette vicissitude des marées qui inondaient de tems en tems ses côtes, puis les abandonnaient pour aller se perdre on ne sait où ; et de cet étonnement il a dû passer bientôt à la curiosité qui lui est naturelle d'en pénétrer la cause. D'abord ça a été assez inutilement. Son peu d'expérience ne lui a pas permis de réussir dans cette recherche difficile, il lui manquait trop de données pour la solution d'un

problème qu'on ne peut résoudre qu'à force
d'observations. Ce phénomène tient à des
causes qu'il ne pouvait pas même soupçonner ; ce n'est qu'avec le tems, et à force de re-
marques réitérées, qu'on parvient dans les
sciences, à des résultats satisfaisants et judi-
cieux. La nature est un grand livre difficile à
déchiffrer, il faut du tems et de la méditation
pour en venir à bout, et un fonds d'observations qu'on ne peut se procurer à volonté.

J'ignore à quel principe les anciens attribuaient ce phénomène, je crois qu'ils se bor-
naient seulement à éviter d'être surpris par le
reflux sur leurs côtes. Tels étaient les peuples
qui habitaient les côtes occidentales de la
Gaule, au rapport de César. Le premier système dont on parle, est celui qui attribuait
aux vents cette inconstance de la mer, et c'é-
tait déjà un pas de fait dans l'arène où tant de
savants se sont disputé la victoire. Mais on ne
fut pas long-tems à s'apercevoir de l'insuffi-
sance de la cause. Il y a loin de la cause qui
trouble la tranquillité des mers à celle qui
transporte leur masse d'une contrée à l'autre,
et il n'y a pas moins de distance de l'irrégularité des vents à la réularité des marées. Outre cela, on s'aperçut bientôt que les vents

qui soufflent en sens contraires n'empêchaient pas le flux ; qu'il n'est pas mesuré sur l'intensité du vent, et que dans le calme il ne laisse pas d'être considérable. Conséquemment on abandonna cette idée comme insuffisante et contraire à l'expérience.

Un observateur ayant remarqué que le flux se propage sur nos côtes du sud au nord et qu'il se retire du nord au sud , s'imagina que le mouvement de la Terre, le long de son axe, en était la cause et forgea un système nouveau. Il s'étudia à se rendre compte, d'après ce principe, de la fréquence et de l'irrégularité des marées; mais les données n'étaient pas pour lui. Quand il fallut entrer dans le détail, il ne tarda pas à voir qu'il se faisait illusion ; ce mouvement n'est qu'apparent, et quand il serait réel, il ne pourrait produire un effet qui arrive deux fois en vingt-quatre heures, puisqu'il est annuel. Il ne communique point à la terre une commotion suffisante pour déplacer les eaux de la mer d'une manière si sensible; de plus les marées ne paraissent point avoir cette direction , elles n'arrivent point sous le même parallèle en même tems Dans les ports des deux mondes qui sont à la même latitude, il y a une différence de quatre à cinq heures entre les pleines mers de l'un et celles de l'autre ; elles semblent au contraire se promener le long des côtes occidentales de l'Europe et de l'Afrique, se perdre vers le nord, tandis que les eaux des mers des deux pôles, attirées par l'équateur terrestre, retournent par des courans cachés ajouter à la masse de celles qu'y accumule le mouvement de la Terre du côté du sud. Il fallut donc encore abandonner cette hypothèse comme opposée aux observations, et insuffisante pour rendre raison des irrégularités que l'on observe dans ce phénomène surprenant.

Après celui-ci, vint Descartes, ce philosophe vainqueur des préjugés en vogue de son tems. Voyant que ceux qui avaient cherché la cause du mouvement périodique des mers sur la Terre avaient tous échoué dans leur entreprise, il porta ses pensées vers le ciel, et crut trouver dans la Lune, à cause d'un certain accord que l'on remarque entre les pleines lunes et les pleines mers, le principe de la solution du problême qu'il cherchait. Ce n'était pas prendre le chemin le plus court pour arriver à son but ; passer par la Lune pour revenir sur la Terre, le détour était un peu long, mais l'expérience manquait, les observateurs étaient rares et les mers n'étaient pas assez connues. Les marins se contentaient de porter des hochets aux nations éloignées, et d'en rapporter des poisons pour leurs familles, sans s'embarrasser beaucoup d'ajouter aux connaissances humaines; il se trouva donc réduit à son propre génie pour deviner une cause qui n'est du ressort que de l'observation. Il s'imagina que la Lune, par sa gravitation vers le centre de la Terre, pourrait bien produire le mouvement dont il s'agit, et, d'après cet aperçu, il travailla à expliquer toutes les irrégularités qui l'accompagnent en les attribuant à l'écartement ou au voisinage de cet astre de notre zénith.

C'est donc la pression de la Lune sur l'atmosphère de la Terre qui fait refluer les mers vers leurs rivages.

Ce système eut des partisans, et en nombre d'autant plus grand, qu'il était le meilleur et le mieux raisonné de tous ceux que l'on avait bâtis jusqu'alors, et peut-être en a-t-il encore. On l'accueillit avec transport; la célébrité de l'auteur prévint les esprits; personne ne s'avisa de douter, et la Lune eut l'honneur de présider à nos marées et de nous inonder à volonté, comme elle préside encore à la pluie et au beau tems au jugement du vulgaire : tant il est vrai que la vogue d'un auteur fait tout chez les malheureux mortels, et que la vérité n'est rien si la renommée ne la précède. Ce n'a donc été qu'avec le tems qu'on y a trouvé à redire.

En effet, comment deux corps qui nagent dans un milieu libre et qui sont fixés dans l'espace à 80,000 lieues au moins l'un de l'autre par la main de celui qui soutient les mondes, à des distances incalculables, sans dérangement et sans confusion , peuvent-ils peser l'un sur l'autre ?

Si la Lune pèse sur nous, nous devons peser sur elle, et produire le même effet sur elle qu'elle produit sur nous. Or, si elle fait monter nos marées à vingt pieds et plus, à combien devons-nous les élever chez elle ? Nous qui valons cinquante fois plus qu'elle ne vaut, tout doit être inondé dans ses parages; sa clarté doit en souffrir, et nous aussi par contre-coup. Outre cela, la matière subtile qui se trouve entre ces deux globes, peut-elle se prêter à la résistance requise pour former une colonne capable d'excaver les eaux de l'Océan, pour les faire refluer sur les côtes des continens jusqu'à 30, 40 et 50 pieds de hauteur, et surtout étant deux boules de différentes dimensions qui ne peuvent se toucher que par une ligne perpendiculaire d'un centre à l'autre ; car, plus la pression s'éloigne de ce point de contact, plus elle doit s'affaiblir. Il faut être un peu prévenu en faveur d'une semblable opinion pour s'en faire une image quelconque. La matière subtile qu'un des corps déplace, ne trouve-t-elle pas continuellement un espace vide pour se loger en arrière, et par conséquent peut-elle occasionner la moindre excavation d'un corps sur l'autre? Deux corps sphériques qui nagent dans un fluide libre, se fuient-ils avant de se toucher ?.. D'ailleurs, cette matière subtile est-elle assez susceptible de compression pour ne pas s'échapper par la tangente? et quand même mon imagination me séduirait dans cette suite d'observations, et que je me tromperais dans les conséquences qu'elles contiennent, peut-on rendre raison, à l'aide de cette pression de la Lune, des irrégularités périodiques des marées de chaque mois et de chaque année? La Lune, dans ses syzygies et malgré ses phases, n'est-elle pas toujours de même masse et de même volume par rapport à la Terre? Sa plénitude est-elle autre chose qu'un mot vulgaire qui exprime son plus grand éclat ; et cet éclat ajoute-t-il quelque chose à son poids naturel? Elle doit donc égaiement peser, pleine ou non pleine, sur la surface des mers, et produire le même effet. De plus, comme elle ne répond pas, dans sa révolution de chaque mois, aux mêmes points du ciel. chaque année, puisqu'elle la complète seulement en 354 jours, quelques minutes plus ou moins, elle ne peut donc produire à des époques réglées les grandes mers que l'on observe au tems des équinoxes et des solstices. Enfin, lorsqu'elle parcourt le tropique du Cancer, le flux ne devrait-il pas être moins considérable que lorsqu'elle décrit le tropique du Capricorne, puisqu'il y a plus de terre au septentrion qu'au midi?..

Toutes ces difficultés firent concevoir à l'immortel Newton que la pression de la Lune sur les mers était un enfant d'imagination, et qu'il y avait une autre cause du flux; mais comme Descartes, il alla la chercher dans le ciel, ne pouvant s'imaginer qu'il y eût sur la terre une cause assez puissante pour opérer une révolution si singulière dans les eaux de toutes les mers. Préoccupé de son système de l'attraction, il s'efforça d'y ramener jusqu'aux vicissitudes des marées. Il en attribua donc la cause à l'attraction de la Lune; elle ne pèse plus, elle attire; elle n'excave plus les eaux, elle les soulève. C'est elle, dit-il, qui, attirant la Terre selon les lois qu'il développe avec un génie supérieur, soulève la masse des eaux directement sous le méridien par lequel elle passe actuellement, et indirectement sous la partie opposée du même méridien, parce que la Lune, agissant selon ses principes sur le centre de la Terre, cherche à l'enlever aux eaux antipodes, et celles-ci, étant comme abandonnées de leur centre, se portent vers l'extrémité du rayon de notre sphère, et forment le second flux dans le même tems qu'arrive le premier, de sorte qu'effectivement il y a deux flux en vingt-quatre heures, comme l'expérience le prouve, l'un direct et l'autre indirect ; mais comme la Lune seule ne pourrait opérer par son attraction séparée une aussi grande révolution, il y fait intervenir le Soleil, et calcule même, avec une précision qui étonne et une hardiesse presqu'inconcevable, l'influence de l'un et de l'autre de ces astres séparément ; de sorte que, si les eaux s'élèvent en pleine mer à douze pieds, le Soleil y contribue de deux pieds trois pouces, et la Lune de neuf pieds neuf pouces.

Pour moi, je ne trouve rien de plus hardi, de plus sublime et de plus étonnant que ce système ; rien ne marque plus de génie dans l'homme. Il faut être profond pour imaginer une cause si élevée et en calculer les résultats avec tant de suffisance, et avoir beaucoup d'empire sur l'esprit humain pour lui faire accueillir ses idées sans examen. Quoi qu'il en soit, il n'est pas facile de se persuader qu'il ait pris la nature sur le fait, et qu'il lui ait arraché le voile dont elle couvre ses mystères.

1° Pourquoi la Lune et le Soleil attirent-ils les eaux sous le méridien où ils sont avec une force qui affecte jusqu'au centre de la planète, et que les eaux opposées ne le suivent point? Tout ce qui compose un globe n'a-t-il pas une tendance essentielle vers son centre? 2° Par quelles lois ces eaux se détachent-elles du centre pour se porter vers l'extrémité du rayon, comme il le faut pour former un flux de douze heures en douze heures? 3° Comment les eaux de la mer peuvent-elles s'élever à 12 pieds sous un méridien, sans que celles des autres n'y contribuent de proche en proche au détriment de la marée qui doit avoir lieu sous la partie du méridien où ne se trouve point la Lune actuellement, afin de se mettre toujours en équilibre avec elles-mêmes ? 4° Par quel privilége une partie des eaux de la mer obéira-t-elle aux lois de l'attraction, tandis que la partie opposée se portera du centre à la circonférence? Vers quel centre de gravité se portera-t-elle? 5° Pourquoi faut-il que la Lune soit à notre méridien pour exercer son attraction plutôt qu'à un autre? Tous les méridiens d'une sphère ne sont-ils pas perpendiculaires au centre, et ne sont-ils pas également propres à transmettre cette sorte d'influence? 6° La Lune a-t-elle bien une influence réelle sur les affaires de ce monde? Pour moi, j'en doute fort. Les effets qu'on lui attribue vulgairement ne sont-ils point plutôt des effets de rencontre que de calcul? Elle a trop peu de masse et de volume pour nous faire la loi. Entre des puissances d'inégale force, la plus faible obéit à la plus forte ; la pluie et le beau tems, qu'on dit être de son ressort, se déclarent à tous les points de son cours ; ses phases ne sont que des époques auxquelles on rapporte les changemens de température, plutôt par habitude que par raison. Nos pères attribuaient à la Lune, dans leur simplicité, les variations du ciel, et leurs enfants ont adopté sans examen le même préjugé. La sève ne monte pas moins dans le décours que dans le croissant de la Lune. Les semailles faites dans l une ou l'autre phase prospèrent également.

Ce n'est pas pourtant que je conteste l'existence de l'attraction. Quand elle serait moins nécessaire aux marées qu'on ne pense, il ne s'ensuivrait pas qu'elle ne serait qu'une invention de l'esprit humain. On ne peut guère disconvenir qu'il n'y ait une semblable vertu dansla nature ; peut-être même est-elle indispensable dans le système que je décris pour que les eaux, devenant plus légères, se meuvent avec plus de facilité ; mais j'ai de la peine à croire que cette attraction si vantée soit capable de produire tous les phénomènes que l'on voit dans le cours des marées. La Lune, selon M. de Lense, dans M. de Beaumare, n'a qu'un quarante-neuvième du volume de la Terre et un soixante et dixième de sa solidité ; donc elle a 70 fois moins de force que nous pour nous attirer à elle. Or, si deux aimans de force aussi inégale se disputent une paille de fer, la plus faible reste muette devant l'autre. Deux corps poussés en sens contraire sur la même ligne avec différens degrés de vitesse, doivent se rencontrer à des distances d'autant plus inégales, que la vitesse de l'un l'emporte sur celle de l'autre ; par conséquent, l'attraction de la Lune doit être suspendue à une distance d'autant plus grande de nous, que nous avons plus de masse qu'elle; mais passons sur cette observation.

Comment, dans le système Newtonien, est-il possible que l'attraction n'agisse que sur les eaux qui sont sous le méridien où la Lune se trouve actuellement, et non point sur les eaux inférieures? Les corps, dit-on, sont supposés s'attirer de centre à centre, tout le corps de la planète doit donc être attiré sans partage, et conséquemment les eaux antipodes doivent suivre leur bassin, et il ne devrait y avoir qu'un flux en 24 heures. Mais il n'en est pas ainsi. Par conséquent, dans le Système de Newton, les eaux de la mer cèdent à l'attraction de la Lune, qui est à cent mille lieues de nous, et résistent à celle du globe dont elles font partie.

L'attraction se fait, dit-on, en raison directe des masses et en raison inverse du carré des distances. Donc, disent les partisans de l'attraction, le Soleil et la Lune attirent plus puissamment les eaux de la mer, que le centre de la Terre ne les attire. J'ignore absolument la légitimité de cette conséquence. Si les mers étaient suspendues entre la Lune et la Terre, à une distance convenable, les deux puissances pourraient se disputer la victoire; mais le globe ne faisant qu'un tout avec les mers, n'admet aucune distance entre le centre et la circonférence. Par conséquent la distance étant nulle par la communication des parties, l'attraction des corps célestes doit être réputée pour zéro, par rapport à leur mouvement, et l'effet que l'on prête à l'attraction du Soleil et de la Lune sur les eaux de la mer, sous la partie du méridien opposée à celle où se trouvent ces deux astres, n'est qu'un enfant d'imagination, et les conséquences que l'on en tire, des propositions isolées qui n'ont aucune connexion avec le principe dont on se sert.

La Lune, continuent-ils, pour rendre raison des doubles marées, cherchant à enlever le centre de la Terre aux eaux de l'Océan qui sont en opposition avec elle, les empêche par-là même de graviter autant vers le centre, qu'elles feraient si le centre de la Terre n'était pas attiré. On pourrait bien dire ici *fiat lux ;* car si jamais on s'est énoncé avec obscurité, c'est dans cet endroit.

On s'imagine donc que les eaux de l'Océan n'ont point une tendance essentielle ou une gravitation nécessaire vers le centre du globe ; et vers quel point du ciel peuvent-elles en avoir une plus impérieuse ? Il n'est pas facile de le dire, et encore moins de se l'imaginer.

La Terre et la mer ne font qu'un tout, quoique de nature différentes, et l'attraction n'est point encore connue faire de distinction entre la nature des corps. Ainsi, si le Soleil et la Lune attirent le centre de la Terre, ils en attirent toute la masse, et les eaux antipodes doivent suivre l'attraction du centre de la Terre, comme les autres parties qui composent son volume. Ainsi point de double marée, dans ce système; les lois de l'attraction sont générales, et non particulières.

Dans les nouvelles et pleines Lunes, les marées sont toujours plus fortes que dans les quadratures.

Les partisans du système de Newton en trouvent précisément la raison en ce que la Lune réunit sa force à celle du Soleil. Cette raison peut valoir pour les marées des nouvelles Lunes, parce que ces deux astres sont en conjonction, et que leur action mutuelle conspire au même effet; mais dans les pleines Lunes, cette raison ne peut avoir lieu.

Lorsque le Soleil et la Lune sont en opposition, la Terre se trouve entre deux puissances qui se disputent sa conquête, et conséquemment les marées doivent nécessairement s'en apercevoir Comme dans le système que j'examine ici, le Soleil et la Lune exercent leur puissance attractive jusqu'aux extrémités opposées du diamètre de la Terre, il s'en suit que le Soleil doit altérer l'attraction de la Lune, et la Lune, celle du Soleil. De sorte que dans un hémisphère, il ne doit point y avoir de flux, et que dans l'autre, il doit être le plus faible possible. Ceci me paraît évident. Ainsi plus la Lune avance vers son plein, plus les marées devraient décroître, et plus elle approche de son point de conjonction, plus elles devraient augmenter. Ce qui ne produirait qu'un grand flux par mois. Autre difficulté.

Dans les quadratures les partisans de Newton avouent que le flux doit être produit par la différence qu'il y a entre les forces attractives de ces deux astres ; par conséquent, dans les pleines Lunes le même effet doit avoir lieu, puisqu'ils sont diamétralement opposés.

Telles sont les principales défectuosités que l'on remarque dans le système de M. le Chevalier Newton ; défauts qui font concevoir qu'il n'a pas découvert la vraie cause des marées.

Je dis principales défectuosités, parce qu'il

y en a bien d'autres qu'on remarquera dans la suite de cette dissertation.

Scalberge Minière, environ cent ans après Newton, voyant qu'avec tout cet appareil, on ne pouvait encore satisfaire avec gloire à toutes les difficultés qui se présentent en foule, y ajouta la raréfaction de l'air, produite par l'action du Soleil sur l'atmosphère.

Quoique cette modification ne soit pas à rejeter, toutes les difficultés n'étaient pas levées. Il restait toujours à expliquer comment il pouvait y avoir deux marées en 24 heures; deux grandes marées par mois; pourquoi elles n'allaient pas toujours en décroissant de la nouvelle à la pleine Lune, et qu'elles n'augmentaient pas constamment de la pleine Lune à la nouvelle; par quel principe une élévation de douze pieds en pleine mer, pouvait, en s'affaissant, faire refluer les eaux sur les côtes des continents jusqu'à 60 et 80 pieds de hauteur; pourquoi en un mot les marées sont plus grandes des Tropiques aux Pôles qu'aux environs de l'Équateur, et qu'elles se font sentir jusqu'à la rivière de Cook et à la baie d'Hudson? etc., etc.

Comme ce grand Physicien s'appuyait sur l'attraction, l'augmentation qu'il y fit ne put encore contenter les esprits : car la raréfaction de l'air causée par l'action des rayons solaires sur notre Hémisphère, ne pouvait augmenter les marées qu'également pendant qu'il s'approche de notre Zénith, et non causer l'irrégularité qu'on y remarque. Ainsi on chercha encore la cause du flux et du reflux.

M. Le Monnier, en conséquence, renouvela, à quelques modifications près, le système de Descartes, et assura positivement qu'on doit regarder la pression de la Lune sur le tourbillon terrestre, comme la cause physique du flux et du reflux. Voilà donc la Lune réintégrée dans ses premières fonctions. Elle ne cherche plus à nous enlever ce qui nous appartient, elle ne fait plus que nous en assurer la jouissance. Mais elle n'en fait pas moins la maîtresse chez nous, quoiqu'elle soit à nos ordres, ce qui ne convient pas au petit peuple qui l'habite.

Outre les raisons que j'ai apportées, à l'article de Descartes, contre son hypothèse, il reste encore à deviner comment il peut y avoir deux flux en 2¼ heures, dans les deux hémisphères. Car, soit qu'elle presse ou qu'elle attire, elle ne peut agir qu'où elle est. Supposons que la Lune, en passant par notre méridien, fasse refluer les mers, par sa pression, sur les côtes de l'Afrique et de l'Europe, peut-il en être de même sous la partie opposée du même méridien ? Comment un corps qui fait refluer les mers, par sa pression, sur les côtes de l'Amérique, par exemple, peut-il opérer le même effet sur les côtes de la Mer Pacifique, où il n'est pas ? Quelle pression faut-il, pour faire saillir les eaux à 2000 lieues loin du lieu où se passe l'action jusqu'à 15 et 20 pieds de hauteur ? Il n'est pas facile de se l'imaginer ; car il faut que cette pression inconcevable arrive sous tout le plan du même méridien en même tems. D'ailleurs une force si puissante qui opère un tel changement dans l'état actuel des mers, ne devrait-elle pas faire au moins quelque impression sur le Baromètre, en ajoutant ou comprimant le ressort de l'air atmosphérique ? etc. Car il y a encore, sur cette hypothèse, bien d'autres observations à faire qui ne serviraient pas à l'établir.

M. Euler, peu satisfait de toutes ces idées, adopta le système suivant : Il suppose autour du Soleil et de la Lune un double tourbillon de matière subtile, dont les forces centrifuges sont en raison inverse du carré des distances au centre de leurs tourbillons respectifs Ces

deux tourbillons, selon son sentiment, sont
la cause immédiate du flux et du reflux, tant
à cause de la vîtesse de la matière dont ils sont
composés, qu'à cause des raisons selon lesquelles ils tournent autour de leur centre.
Ainsi ce sont des tourbillons qui troublent la
tranquillité des mers et les bouleversent jusque dans leurs abîmes, et qui ne déplacent pas
un grain de sable sur le rivage, tandis qu'un
vent bien moins fort, transporte, dans les
déserts de l'Afrique, des montagnes de sable
d'un lieu à un autre. Ce sont des tourbillons
qui agitent les mers, et qui n'impriment
aucune commotion à l'air que l'on respire!
C'est donc toujours une cause invisible, qui
opère un effet sensible, et le plus sensible de
ceux qui existent. Mais comment cette matière
subtile, inaccessible à nos sens et qui pénètre
les corps les plus denses, ne peut-elle pas se
loger, sans bruit faire, dans les pores de l'élément qu'elle bouleverse? Ce double tourbillon
qui ne change point de vîtesse, ni de raison
selon laquelle il tourne, peut-il occasionner
les irrégularités des marées? Que l'on agite une
roue aussi rapidement que l'on voudra, dans
un bassin rempli d'eau, peut-elle occasionner
autre chose qu'un brouillard qui obscurcira

l'air, et des ondulations en tous sens, qui seront toujours les mêmes?

C'est donc toujours même embarras, même difficulté. On évite un écueil pour donner dans l'autre Dans les systêmes ci-devant exposés, ce sont des causes étrangères à la Terre qui font naître et régissent les marées sur la Terre. Causes, à la vérité, qui font honneur au génie des inventeurs, mais qui ne font qu'éblouir un moment sans satisfaire l'esprit, ni aplanir le plus grand nombre des difficultés. Comment en effet veut on que des pressions, des attractions, des tourbillons qui ne font aucune impression sur nos sens, sur notre santé, sur notre manière d'être et sur le reste de la nature, puissent causer tant de mouvement et d'agitation dans la masse des eaux des mers, tandis que nous sentons parfaitement bien le souffle léger du zéphir, l'approche d'un orage, ou un changement de température? Comment des forces qui soulèvent la masse énorme des mers, ne troublent-elles point l'inertie de mille objets exposés à leur action, et dont la masse est infiniment moins considérable que celle des mers? Ce n'est donc pas dans le Ciel qu'il faut chercher le principe des révolutions de l'Océan. Encore que les mondes ne se soutiennent en équilibre, dit-on, les uns avec les autres, qu'en vertu des lois de l'attraction universelle (*) selon M. Lambert et d'autres académiciens, il ne s'ensuit nullement que les phénomènes qui ont lieu dans les mondes, aient pour cause des principes étrangers à leur élément. Chaque globe renferme en soi son principe de vie, de mouvement, d'accroissement et de destruction. C'est dans le sein de la terre que gît l'esprit qui vivifie les plantes (**). C'est sur la terre que réside la force qui remue l'Océan et transporte les eaux d'une contrée à l'autre.

(*) Quand je parle ainsi d'attraction, ce n'est que pour me conformer à l'usage reçu, et pour éviter une querelle que l'on pourrait me faire, si je ne m'expliquais pas un peu scientifiquement dans la circonstance présente. Car je suis persuadé que l'attraction n'est rien autre chose que l'ordre que le Créateur a établi, dès l'origine des tems, pour bannir la confusion qui règnerait sans cela dans ses ouvrages. Si l'attraction est soumise au calcul, les effets de l'ordre peuvent y être aussi. L'attraction n'offre pas à l'esprit une vertu plus accessible à la pensée que l'ordre. C'est la volonté de Dieu, qui soutient les mondes à des distances propres à faire admirer sa grandeur et sa puissance. La différence que j'y trouve c'est que l'un offre une expression scientifique, et l'autre, une expression religieuse.

(**) Producat terra animam viventem in genere suo, jumenta, reptilia et bestias terræ secundum species suas. *Gen.* 1. 24.

M. Bernardin de St.-Pierre, se défiant avec raison de tout cet étalage scientifique, et ne pouvant se persuader que des effets si palpables eussent des causes si peu sensibles, essaya de bâtir un nouveau système moins sublime à la vérité, mais plus à la portée des sens. Ce n'est plus, selon lui, la Lune, par sa pression, ni le Soleil avec son tourbillon, ni l'un ni l'autre astre avec leur attraction, qui font gonfler les mers. C'est à la fonte des glaces des deux pôles qu'il rapporte ce phénomène perpétuel. Au moins voilà une cause palpable qui produit un effet sensible. Ce sont des eaux qui agissent sur des mers. La cause est aussi visible que l'effet. Il ne s'agit plus que de voir si, à l'aide de cette découverte, on peut se rendre compte de la périodicité du flux et du reflux, de leurs irrégularités et de leurs directions, etc. Mais il s'en faut beaucoup qu'on puisse y réussir. Les difficultés se multiplient à mesure que l'on y pense.

En effet, comment supposer qu'il fasse, vers les pôles, une chaleur assez forte pour fondre périodiquement une quantité de glaces suffisante pour gonfler les mers, deux fois par jour, jusqu'à les élever, sur nos côtes, à 80 pieds, et néanmoins assez de froid, pour y entretenir le magasin des glaces nécessaires à une nouvelle fonte, au moins pour la saison suivante, et même l'augmenter, puisqu'il est constant qu'il augmente de siècle en siècle? Comment concevoir que ces écluses rapides ne transportent pas les terres des deux pôles vers l'Équateur terrestre, et en se rencontrant aux environs de la ligne, n'y aient pas formé des barrières qui bouchent le passage des Indes, pour les peuples de l'Europe? Comment les deux pôles ne sont-ils pas également ravagés? Les eaux en se versant par torrents des pôles vers l'équateur, selon la saison, ne devraient-elles pas causer des flux plus grands pour nous en été qu'en hiver, et soutenir les eaux, pendant la saison suivante, à une hauteur constante, de manière à empêcher la variation dans les marées, puisque la source du flux serait alors au pôle opposé, et qu'elles viendraient du midi?

Outre cela, la fonte des neiges n'est ni périodique, ni constante, ni uniforme. Il n'y a rien de si irrégulier que la température des climats septentrionaux; à un froid excessif, succède tout-à coup une chaleur insupportable; si à midi les torrens coulent avec impétuosité, ils sont arides avant le soir.

Les glaces d'autre part, ne sont elles pas toujours en équilibre avec les eaux où elles sont ? et supposé que la cime d'une montagne de glace se fonde, le pied, en s'élevant à proportion du sein des mers, ne laisse-t-il pas une cavité assez vaste pour y loger l'eau qui en découle ? Le volume des glaces qui surpassent le niveau des mers de tant de toises, est-il autre chose peut-être que l'air renfermé dans les pores de l'eau qui se débande et qui, par son ressort, leur donne cette apparence effrayante ? La rosée insensible du matin ne devient-elle pas palpable dès que le froid se fait sentir ? Un peu d'eau qui gèle dans un vase, ne le brise-t-elle pas si le froid augmente ? preuve non équivoque qui démontre que l'eau qui compose les glaces n'est pas en proportion avec leur volume. Si M. Bernardin de St.-Pierre eût voulu nous montrer pourquoi les vents soufflent plutôt du Nord, pour nous en été, que des autres points du monde, peut-être nous aurait-il communiqué un aperçu qui nous aurait éclairés ; mais attribuer les marées à la fonte des glaces des pôles, c'est imaginer une cause au lieu de la découvrir.

On ne peut donc encore, à l'aide de ce nouveau système, satisfaire aux difficultés qui regardent la direction et les irrégularités des marées, ni même leur existence. Ce n'est donc point encore là le vrai principe ou la vraie cause du flux et du reflux. M. de St.-Pierre a beau appeler à son secours la direction des courans et les glaces énormes qui obstruent les mers des deux pôles, il ne pourra tout au plus que former un torrent plus ou moins spacieux qui sillonera les mers à quelque distance du point de départ et pendant quelque temps, parce que la résistance qu'il doit éprouver amortira insensiblement sa rapidité avant qu'il soit parvenu aux tropiques; mais il lui sera impossible de rendre compte, par le moyen de ces données, des irrégularités des marées et de leur direction générale du Sud au Nord, puisque c'est du Nord au Sud qu'elles se répandent selon son système.

S'il prétend que ce n'est que le remous qui se fait sentir sur nos côtes, quelle doit donc être la vitesse de ce torrent à son départ? Quelle masse de glace doit se fondre subitement! Y a-t-il dans la nature quelque donnée semblable? Quel vaisseau assez bon voilier pourrait le franchir sans danger? Quel fracas se ferait entendre vers les pôles?

Telles sont les principales raisons qui combattent et détruisent ce système. Il est donc vrai que la cause des marées n'est point encore connue. Est-il possible de la découvrir ? L'esprit humain peut-il se flatter d'y parvenir ? Est-ce folie d'y penser et témérité de s'en occuper après tant de génies brillans qui l'ont fait inutilement ? Que de questions décourageantes à se faire ! Cependant, qui pourrait être utile à sa patrie si l'on avait égard à toutes ces considérations ? On se croirait vaincu avant de combattre. Ainsi, que l'on m'accuse de vanité, de folie ou de témérité tant qu'on voudra, pour tenter de résoudre un problême dont on n'a pu se rendre compte jusqu'ici, je ne laisserai pas de continuer le développement de mes pensées. Ce qui me console, c'est que j'ai suivi une marche toute différente de celle de mes prédécesseurs dans la même carrière. J'ai pris pour guide l'expérience et l'état actuel du globe. Si mon travail mérite quelques égards, je ne m'en croirai pas plus précieux pour cela : c'est le hasard seul qui m'a conduit à cette entreprise, et qui m'a mis sur la voie de faire les réflexions suivantes.

Ainsi, le nouveau système que j'entreprends d'exposer, est tout neuf dans ses principes et ses conséquences. Les irrégularités des marées, leur force et leur élévation sur les côtes, leur succession et leur direction, tout m'y semble parfaitement lié. Il est appuyé d'un côté sur des principes avoués, reconnus, clairs et faciles à comprendre, et de l'autre, sur des faits sensibles et vérifiés, sur des observations consignées dans les écrits des savans; il confirme admirablement bien le système de Copernic sur le mouvement de la Terre, explique d'une manière sensible et palpable la cause des courans, qu'il montre être la même que celle du flux et du reflux, leurs directions périodiques ou constantes; il est basé sur la théorie de la Terre et des mers, théorie qui met tout homme de bon sens à portée de juger de la vérité de ces nouvelles idées sur le phénomène dont il s'agit.

Comme le flux et le reflux sont réglés dans leur irrégularité, leur cause doit être simple, uniforme et constante. Plus un système est facile à comprendre, plus, ce me semble, il approche de la vérité. La nature est simple dans ses causes comme dans ses effets; le même principe cause la vie et la mort dans l'homme et dans l'animal; les plantes même croissent comme les animaux, et meurent comme eux. Entrons en matière.

PREMIER PRINCIPE.

Les eaux de l'Océan perdent une partie de leur gravité lorsque la Lune passe par le méridien, en vertu des lois de l'attraction. Ce principe est celui de Newton et de tous ceux qui sont partisans de son système. Je le pose pour fondement sans en connaître parfaitement la nécessité dans la circonstance : car les eaux, indépendamment du passage de la Lune, ont une mobilité essentielle dont elles ne se dépouillent que par accident, et cela me suffit. C'est tout ce que je prie que l'on me permette de prendre des systèmes anciens pour établir le mien : car si les eaux sont réellement plus légères par le passage de la Lune par le méridien, elles doivent obéir plus facilement à l'impulsion qui leur est communiquée de la manière dont je vais parler dans un moment. Une seule objection se présente : si la Lune, par son attraction, rend les eaux de la mer plus mobiles à son passage par le méridien, dans quel état sont-elles sous la partie opposée où elle n'est point ?

On peut faire ici deux réponses : la première, c'est que les eaux de la mer ne perdent pas leur

légèreté aussitôt que la Lune n'a plus d'influence sur elles ; semblables en cela à une lame
aimantée qui conserve quelque tems la vertu
qui lui est communiquée.

La seconde, c'est que, quand même elles la
perdraient, l'étendue de la mer Pacifique par
où ne passe point notre méridien , pourrait
suppléer leur surcroît de mobilité : car il est
d'expérience que plus un câble est long, plus il
est faible et moins il résiste à l'impulsion qui
lui est communiquée.

SECOND PRINCIPE.

Quoique les mers ne fassent qu'un tout avec
la Terre, cependant leurs eaux n'en doivent pas
moins suivre les lois attachées à leur élément,
c'est-à-dire obéir à l'impulsion qu'elles reçoi-
vent , se déplacer, se mouvoir plus ou moins
sensiblement à proportion de la force qui les
frappe. L'eau d'un bassin que l'on agite doucement, ne se trouble pas comme si on le
transportait sans ménagement.

Ce principe me paraît incontestable et fondé sur l'expérience la plus journalière. Chaque
élément a des lois qui lui sont propres, dont
il ne peut être dépouillé qu'en changeant

d'état, comme l'huile et l'eau, qui deviennent solides par l'excès de la gelée. L'évaporation des liqueurs et l'agitation des flots sous l'empire des vents en sont une preuve démonstrative. Le rocher reste immobile sous l'effort de la tempête, pendant que l'Océan est bouleversé jusque dans ses abîmes. La moindre commotion agite l'air, tandis que le calme est sur la mer ; la flamme s'élève dans les airs, pendant que les vapeurs tombent des nues sur nos campagnes.

TROISIÈME PRINCIPE.

Tout fluide cherche à se répandre partout où il trouve moins d'obstacle à vaincre, ou si l'on veut, moins de résistance.

Ce principe est d'une évidence palpable : personne ne l'ignore; la plus simple expérience suffit pour s'en convaincre. Depuis le ruisseau qui serpente dans nos prairies, jusqu'au fleuve majestueux qui alimente l'océan, tout le démontre dans la nature. Ce principe est d'une pratique usuelle dans l'économie rurale.

QUATRIÈME PRINCIPE.

Tout fluide, tel que l'eau, se porte en sens contraire, en air libre, à l'impulsion qui lui est communiquée, et ne revient sur lui que par réaction.

La raison en est facile à saisir : la résistance de l'atmosphère presse le fluide en sens contraire au mouvement qui lui est imprimé, et le déplace avec d'autant plus de facilité que ses parties sont plus faciles à diviser, comme celles de l'eau. Si l'on fait avancer sur un plan horizontal, d'orient en occident, un bassin plein d'eau, par un mouvement uniforme et proportionné, l'eau se portera d'abord d'occident en orient et ne reprendra son équilibre que par réaction. Qu'on porte devant soi, en marchant, un vase découvert rempli de liqueur, on répandra sur soi le fluide, si l'on n'use de précaution; ceci arrive communément. La résistance de l'air atmosphérique et la mobilité du fluide en sont les causes principales.

CINQUIÈME PRINCIPE.

Pour qu'un fluide obéisse à la loi précédente, il faut qu'il soit d'une masse convenable, ou d'un volume proportionné à la force motrice. Autrement le fluide, collé au fond du bassin des mers, se trouverait emporté d'un commun mouvement avec le reste de la Terre.

Plus une colonne est élevée, plus elle est facile à ébranler ; de même ce qui rend les mers
susceptibles de recevoir la commotion dont je
parle, c'est l'élévation de leurs colonnes, ou
mieux la profondeur de leurs abîmes et l'étendue de leur surface.

Ce principe me semble clair et d'une évidence
extrême. Un verre d'eau exposé au souffle
du zéphir ne se ride pas comme un étang, et
ce dernier n'a que des ondulations, tandis que
la mer est couverte de flots. Une goutte de rosée
ne change pas de forme sur la feuille qu'un
léger souffle agite ; mais vient-elle à augmenter
de volume, elle se répand bientôt et arrose
toute la feuille. Il en est de même de mille ex-
périences que l'on peut faire à volonté sur les
fluides et sur les solides. Il faut donc que les
mers soient d'une profondeur et d'une étendue
convenable, pour qu'elles soient agitées par la
cause que je vais bientôt révéler.

SIXIÈME PRINCIPE.

Tout fluide se porte avec d'autant plus de
violence en sens contraire à l'impulsion qui lui
est communiquée selon le quatrième principe,
qu'il y est poussé par plus de forces conspi-
rantes.

Ce principe est reconnu et professé par tous ceux qui cultivent les arts mécaniques ; depuis l'artisan le plus grossier jusqu'au plus instruit, il n'en est point qui l'ignore. L'instinct naturel à l'homme, comme la réflexion, le met en pratique. On double les forces sans raisonner, et sans réfléchir souvent à ce que l'on fait. On ajoute à la force de l'eau, en lui donnant un plan plus incliné à parcourir ; à celle du bras, au moyen d'un levier ; à la mobilité d'une roue de moulin, en augmentant son diamètre, etc., etc.

SEPTIÈME PRINCIPE.

Tout fluide cherche toujours à se mettre de niveau avec lui-même.

Ce principe ne peut être contesté : le niveau d'eau en est une démonstration sensible.

HUITIÈME ET DERNIER PRINCIPE.

Dans toute sphère mise en mouvement sur son axe, on distingue deux sortes de mouvemens : un mouvement centrifuge, par lequel le grand diamètre cherche toujours à s'augmenter aux dépens de l'axe, et un mouvement centripète par lequel l'axe se raccourcit pour obéir à la puissance de l'équateur.

Ce jeu est sensible quand on forme un plateau rond, de matière liquide, la boule dont on se sert, perd ses pôles pour fournir à l'équateur, en la tournant sur elle-même.

Tels sont les principes sur lesquels je m'appuie pour développer mes idées sur le problême proposé. Voyons maintenant quelles sont les données que nous offrent la mer et la Terre, pour en déduire les conséquences qui regardent la question qui nous occupe.

Si l'état actuel du globe est contraire aux conséquences que j'en tire, il ne me reste qu'à regretter les momens que j'ai donnés à rédiger ces pensées et à détester le désir que j'ai eu de les produire au jour. Si, au contraire, loin d'y être opposé, il y conduit directement, il me semble que je puis me féliciter de m'en être occupé. J'en laisse le jugement au Public, et je continue.

PREMIÈRE DONNÉE.

La Terre a plusieurs mouvemens : les deux principaux sont un mouvement diurne et un mouvement annuel. Ce double mouvement, dont l'un est réel et l'autre apparent, est incontestable dans l'hypothèse de Copernic, et trèssensé aux yeux de l'homme qui sait juger. Si le Soleil faisait sa révolution autour de la Terre, il passerait si rapidement d'un point à l'autre de l'espace, que l'œil n'apercevrait qu'un sillon de lumière dans le ciel.

Quand je dis mouvement annuel, ce n'est que pour me conformer à l'usage. Je n'ignore pas que cette révolution n'est qu'apparente ; mais il n'en est pas moins vrai que le Soleil se trouve réellement tantôt au-delà, et tantôt en-deçà de la ligne, ce qui suffit à mes vues. Au reste, il ne s'agit ici de ce mouvement que pour la direction des courans, comme on le verra en son lieu. Je n'ai besoin pour le présent que du mouvement diurne de la Terre qui est incontestable, et que le jour et la nuit démontrent sans réplique.

SECONDE DONNÉE.

Les rivages maritimes tournés vers l'Orient, sont généralement plus endommagés, plus entamés que ceux qui sont tournés vers l'Occident, dans les deux hémisphères, c'est-à-dire, que les côtes orientales des deux continens sont plus morcelées, plus déshonorées par l'entreprise des eaux, plus entrecoupées de golfes et de si-

nus que les côtes occidentales des mêmes continens. Il ne faut que considérer une mappemonde ou une sphère pour s'en convaincre ;
la différence est sensible, les côtes occidentales de l'Amérique comme celles de l'Afrique,
sont presque tirées au cordeau, tandis que les
côtes orientales correspondantes sont feston-
nées de golfes plus profonds les uns que les
autres, etc.

TROISIÈME DONNÉE.

Les principaux caps des deux mondes au-
delà des tropiques sont plutôt tournés du Sud
au Nord ou du Nord au Sud que vers les autres points du ciel, et entre les tropiques ils
sont plus souvent dirigés de l'Est à l'Ouest ou
de l'Ouest à l'Est que vers le Nord et le Sud.
Je parle en général, parce qu'il y a des localités qui ont forcé la nature à agir autrement.
Il ne faut que consulter une carte générale des
quatre parties du monde pour se convaincre
de cette singularité; je ne prétends pas, je le
répète, que cette règle soit sans exception,
car tout est confondu dans la nature; il y a
de la lumière jusque dans les ténèbres, du feu
jusque dans la glace. de l'air jusque dans le

marbre. Les ouvrages de Dieu sont toujours soumis à des lois générales. La rotondité des globes qui roulent dans l'espace, n'empêche pas qu'ils ne soient hérissés de montagnes très-élevées.

QUATRIÈME DONNÉE.

Les eaux de la mer Rouge et de la mer des Indes sont bien plus élevées que celles de la Méditerranée, et peut-être que celles de l'Océan, sur les côtes occidentales de l'Afrique et de l'Europe. Dans le golfe du Mexique elles sont beaucoup plus élevées que dans la mer Pacifique, de même que dans les baies d'Hudson, de St.-Laurent, par rapport aux parties de la mer Pacifique, qui se trouvent sous les mêmes parallèles.

Toutes les côtes orientales des deux continens démontrent cette élévation des eaux vers l'Occident des mers. Quand on n'aurait pas pour preuve de cette donnée l'autorité de M. du Caria, *expression du nivellement des eaux de la mer*, on pourrait facilement le conclure sans crainte d'erreur de l'état des côtes orientales par rapport aux côtes occidentales des deux continens. On voit évidemment que les eaux se portent avec plus de violence sur une côte que sur l'autre.

D'un côté on voit le golfe du Mexique, dont les eaux semblent vouloir couper l'Amérique en deux ; la baie de Honduras, celle de Saint-Laurent, des Esquimaux, de l'Assomption, d'Hudson, etc. ; sur les côtes orientales de l'Asie, la mer de Corée, celle de la Chine, le golfe de Petche, celui de Siam, celui de Bengale, etc., au lieu que sur les côtes occidentales, il n'y a que des dentelures ou des festons peu profonds, preuve non équivoque du poids de l'eau du côté de l'Orient, plus grand que du côté de l'Occident. Cette observation est nécessaire pour bien entendre ce qui suit.

CINQUIÈME DONNÉE.

La mer n'a qu'une profondeur limitée relativement au rayon de la terre, mais elle a beaucoup plus de surface.

Je ne puis croire qu'on me conteste cette donnée que l'état des mers nous présente. Les îles qui sont répandues et semées sur leur surface démontrent assez sensiblement cette proposition ; ce ne sont que des sommets de montagnes qui ne peuvent avoir une élévation si démesurée. Les plus hautes montagnes que nous connaissons n'ont que quelques lieues de hauteur. Le Chimboraço, la plus haute des Cordilières, n'a que 3,220 toises d'élévation au-dessus du niveau des mers. Celles qui sont sous les eaux ne peuvent être guère plus élevées. On peut donc avancer que les mers ont une profondeur très-limitée par rapport au rayon du globe; mais leur étendue surpasse de beaucoup, au premier coup d'œil, celle des terres habitables.

SIXIÈME DONNÉE.

Le bassin des mers n'est pas uni comme un réservoir fait de main d'homme, mais il est hérissé de montagnes et de collines plus ou moins élevées, de rochers plus ou moins escarpés, de précipices plus ou moins profonds et prolongés en différens sens.

Cette donnée se prouve par analogie à ce que nous voyons sur le globe, où l'on remarque des montagnes d'une élévation prodigieuse, des collines, des précipices affreux, des rochers d'une hauteur étonnante, des éboulemens, des affaissemens qui ont enseveli des contrées entières avec leurs habitans dans les

entrailles de la Terre, comme l'histoire nous
en a conservé le souvenir affligeant.

Cette donnée ne peut donc être encore con-
testée, soit que l'on considère le bassin des
mers formé au temps de la création ou du déluge universel ; car à ces deux époques le
globe de la terre a dû être étrangement défiguré, soit lorsque le Créateur ordonna à la
Terre de sortir des eaux et de commencer à se
mouvoir, soit lorsqu'elle fut en proie pendant
quarante jours et autant de nuits au conflit
des élémens que Dieu avait déchaînés pour
punir l'homme coupable et rebelle.

SEPTIÈME DONNÉE.

Il souffle, entre les deux tropiques, un vent
constant et perpétuel d'Orient en Occident,
que l'on nomme vent alisé. Tous les navigateurs en constatent l'existence, et tous ceux
qui ont embrassé l'hypothèse de Copernic sur
le système du monde, ne peuvent le contester,
parce qu'il est la confirmation des aperçus de
leur maître sur le mouvement diurne de la
Terre.

HUITIÈME DONNÉE.

Un vent qui souffle avec quelque violence sur une étendue d'une seule lieue, soutient les eaux d'un lac ou d'un étang à quelques pouces plus haut du côté vers lequel il souffle que du côté opposé. Ce fait peut se vérifier aisément. Il doit donc soutenir ou contribuer à soutenir les eaux sur les côtes orientales à l'élévation où elles sont par rapport aux côtes occidentales. Je parle du vent alisé ; les autres vents sont trop variables pour produire un effet constant.

NEUVIÈME DONNÉE.

Les eaux sont considérablement plus élevées dans la zone torride que dans les zones tempérées, et ont causé beaucoup plus de ravages dans cette partie que dans les autres ; je n'en veux pour preuve que cette multitude d'îles et d'archipels qui ne sont que des points sur la surface de la grande mer Pacifique, et qui se multiplient à mesure que l'on s'éloigne des côtes occidentales de l'Amérique ; que les Antilles à l'entrée du golfe du Mexique, dans l'océan Atlantique. Cela suffit pour établir cette donnée, et montrer que le mouvement des eaux a plus de force sous l'équateur que sous les tropiques et aux pôles.

DIXIÈME ET DERNIÈRE DONNÉE.

Il est constant que les eaux des mers, jusqu'à certaine profondeur, sont dans un mouvement perpétuel. L'existence des courans, le flux et le reflux en sont une preuve sensible et palpable.

Tels sont les principes et les données sur lesquels je m'appuie pour développer mes idées ; principes et données qu'on ne peut, ce me semble, contester, pour peu que l'on ait quelques connaissances en physique et quelque teinture de la géographie ; mais avant d'aller plus loin, il est bon, je crois, de donner quelques idées générales des révolutions que le globe a dû éprouver avant d'être ce qu'il est. Il ne pouvait être, à son origine, figuré comme nous le voyons. La mer Pacifique était bien moins étendue de l'Est à l'Ouest qu'elle ne l'est actuellement. La mer Atlantique était resserrée entre les Antilles et l'Europe. Le golfe du Mexique n'existait pas encore. Quand on considère un globe terrestre avec attention, on voit bientôt que l'Asie devait toucher à la Nouvelle Hollande, et celle-ci à des terres plus éloignées vers le pôle antarctique; que les archipels de la mer du Sud, devaient former un continent, vers le tropique du Capricorne, qui empêchait les eaux de cette vaste mer de communiquer librement entre elles; que vers le cap de Horn et celui de Bonne-Espérance, il y avait des terres qui se prolongeaient bien au-delà de l'un et de l'autre; que la mer Caspienne devait communiquer vers le Sud à la mer des Indes, par le golfe Persique, et à la mer Blanche vers le Nord; que la Méditerranée et la mer Baltique n'existaient pas encore, aussi bien que les fameuses baies du Nord (*). Les terres et les mers

---

(*) Ceci paraîtra étrange sans doute, et peut-être téméraire à ceux qui ont peur de leur ombre. Essayons de leur faire naître des idées.

La Terre ne reçut ordre de se mouvoir sur elle-même que lorsque le Créateur fixa les fonctions du Soleil et de la Lune, et le jour succéda à la nuit. Les élémens commencèrent à se livrer des combats continuels, pour se mettre en équilibre. Et cette fermentation générale creusa d'époque à époque le bassin des mers, et causa les irrégularités que l'on remarque sur le globe que nous habitons. Car, quoique la puissance de Dieu soit sans bornes, et qu'il ait pu faire, d'un seul mot et en un instant, tout ce qui existe, on peut croire néanmoins, sans blesser la Foi, que la disposition des choses ne fut pas l'ouvrage d'un moment. Il y a des créatures de

étaient mêlées sans confusion, et s'étendaient,
par bandes irrégulières toutefois, par rapport

deux sortes dans l'univers. Les unes ont reçu leur perfection
dès le moment de la création : comme la lumière, la séparation des eaux en inférieures et en supérieures, la forme des
êtres, la création de l'homme et des animaux, etc.; et d'autres
qui n'ont obtenu leur perfection qu'avec le tems : comme la
sociabilité des élémens entre eux; je m'explique.

Il y a des jours dans le premier chapitre de la Genèse, qui
ne paraissent être visiblement que des époques pendant
lesquelles le Créateur, après avoir ordonné à ce qu'il
trouvait bon, de sortir du néant, laissait, ou semble laisser
aux lois secondaires, de façonner l'objet de ses volontés. Le :
Et factum est ita, de la Genèse, me semble conduire à cette
conséquence. Ces mots paraissent exprimer un tems où les
choses abandonnées aux lois des combinaisons, arrivaient
insensiblement à un état convenable. Et il est à remarquer que
l'Écriture ne répète ces mots *Et factum est ita*, qu'après certains actes de sa volonté; tandis qu'après d'autres il se dit à
soi-même, que cela était bon, *et vidit quod esset bonum.*
Pourquoi dit-il que l'un est bon et que l'autre arrive comme
il le veut? Il faut donc admettre que le *Et factum est ita,* exprime un tems pendant lequel les choses s'arrangeaient selon le
plan que Dieu avait disposé, et par le *et vidit quod esset bonum*, que les choses arrivaient aussitôt à la perfection où il les
attendait.

En effet la création de la lumière, sa séparation d'avec les
ténèbres, etc., dépendaient moins des causes secondaires, que
de la volonté immédiate du Créateur, au lieu que la généra-
tion des êtres, en deux sexes faits l'un pour l'autre, etc., paraît
plutôt être du ressort des lois préétablies, que de la puissance
immédiate de Dieu.

On m'objectera, sans doute, que le Créateur n'avait pas

aux localités, du Nord au Sud, et ne communiquaient entre elles que vers les pôles. La Terre, je m'imagine, était droite sous les regards du Soleil, et les marées avaient une autre périodicité, et étaient bien moins fortes, quoique la cause qui les occasionne fût la même; mais les mers avaient moins d'étendue. Peu-à-peu les choses changèrent. Les élémens se firent la guerre jusque dans le centre du globe; il s'ouvrit des volcans qui bouleversèrent des contrées; le déluge universel survint ensuite pour comble de malheur; les mers du Japon et de la Chine s'ouvrirent un passage et entrèrent dans la mer des Indes. Il ne fallut qu'un de ces accidens qui y sont encore fréquens, malgré le laps du tems, pour briser les barrières qui les retenaient au-delà des Philippines, et les marées eurent une nouvelle révolution. Cette barrière rompue en fit rompre

---

besoin de lois secondaires pour perfectionner son ouvrage. Je n'en doute nullement. Sa puissance est au-dessus de nos pensées. Mais si rien n'arrive aujourd'hui que d'après les lois physiques, si la guérison d'un malade, une pierre qui tombe, si les tempêtes et les ouragans, etc., n'en sont que les conséquences et les résultats, est-ce outrager sa puissance que d'attribuer aux mêmes causes, des effets qui en dépendent? L'état actuel des mers peut donc être aussi l'ouvrage des lois secondaires.

bien d'autres. La masse des eaux augmentant par leur réunion dans la mer des Indes, reflua dans l'océan Atlantique, par le cap de Bonne-Espérance, et les marées devinrent plus considérables. Elles changèrent encore de périodicité, et peu-à-peu elles se sont trouvées réglées comme elles sont aujourd'hui, et subsisteront dans le même état, jusqu'à une nouvelle catastrophe, qui pourra en changer l'ordre et la périodicité. Revenons maintenant à notre sujet.

Les eaux, par le passage de la Lune par le méridien sur l'Océan, deviennent plus légères (1er principe). Donc elles sont, dans certaines circonstances, moins comprimées vers le centre de la Terre. Donc elles sont plus faciles à déplacer. Donc, s'il existe une force capable de leur communiquer une commotion suffisante pour les transporter d'un méridien sous l'autre, elles doivent obéir à cette force et se mouvoir au gré des circonstances qui leur commandent; 1° par l'impulsion directe de la force motrice; 2° par leur réaction, en cherchant à se remettre en équilibre avec elles-mêmes (4°, 5°, 6°, 7° principe). Or, cette force existe évidemment dans le mouvement de la Terre sur son axe, et cette force est plus que suffisante pour pro-

duire l'effet dont il s'agit. Si un léger mouvement trouble l'eau d'un bassin, si on ne peut le
transporter qu'avec une extrême précaution,
sans en répandre la liqueur ; quelle doit être
l'agitation des mers, sous une impulsion qui
fait faire à notre globe plus de six lieues par
minute ?

En vain on objectera que les mers ne font
qu'un tout avec le globe, et qu'on ne s'aperçoit pas du mouvement d'un vaisseau sur lequel
on est monté. Je le sais comme ceux qui l'ob-
jectent. Mais, quoiqu'elles ne fassent qu'un tout
avec le globe, elles n'en conservent pas moins
les propriétés qui leur sont essentielles, c'est-
à-dire, la mobilité et la divisibilité ; et si nous
ne nous apercevons pas du mouvement d'un
vaisseau sur lequel nous sommes, c'est que les
parties qui nous constituent ne sont pas divi-
sibles comme celles de l'eau, et que nous oppo-
sons, sans nous en apercevoir, une masse trop
puissante à la résistance de l'air atmosphérique. On peut donc regarder, jusqu'à plus ample développement, le mouvement diurne de
la Terre comme la cause efficiente du flux et
du reflux.

Si l'attraction des astres était la cause du
gonflement des mers, dans les marées ; les ri-

vages maritimes des deux mondes ne seraient pas entamés, morcelés, endommagés, déshonorés, plus à l'Orient qu'à l'Occident ; les eaux ne se porteraient pas avec plus de violence à l'Est des continents qu'à l'Ouest ; elles ne s'élèveraient et ne pourraient s'élever sur nos côtes plus haut qu'en pleine mer, puisque la réaction est égale à l'action, et même lui est inférieure. Le balancier d'une horloge perdrait bientôt sa réaction, si le poids ou le ressort n'entretenaient l'action dans son premier degré de mouvement.

En vain MM. les commentateurs du Chevalier Newton répondent à cette difficulté que, si les 12 pieds d'eau que le Soleil et la Lune élèvent entre les tropiques parvenaient jusqu'à nos côtes, nos villes maritimes en seraient submergées ; que conséquemment, elles doivent gagner en hauteur ce qu'elles perdent en surface, et s'élever prodigieusement sur les côtes de l'Europe, parce que l'Océan est très-resserré à Brest, à St.-Malo, à Bristol.

Je réponds d'abord qu'il faut diminuer la moitié de cette masse d'eau qu'on attribue à l'action de la Lune sur l'Océan, parce qu'elle doit se répandre par parties égales du côté du Sud comme du côté du Nord : car il n'y a pas de raison, soit que l'attraction ait lieu au tropique du Cancer ou à celui du Capricorne, pour que les eaux se portent plutôt vers le Septentrion que vers le Midi, puisque les mers y sont également ouvertes.

Je réponds en second lieu, que l'Océan n'a pas moins d'étendue, entre le Canada et la France, qu'entre la Guinée et la Nouvelle-Espagne; que conséquemment, nous n'avons pas plus à craindre de cette masse d'eau que ceux qui habitent la Pentagonie ou le cap de Bonne-Espérance. Les eaux, en reprenant leur équilibre, doivent se répandre également vers tous les points du monde, et cette masse d'eau répandue sur l'Océan, tant septentrional que méridional, doit paraître peu de chose. D'où je conclus que ce n'est point l'attraction qui fait gonfler nos mers jusqu'à 70 et 80 pieds sur nos côtes.

J'en dis autant de la mer Pacifique : car la difficulté regarde les deux continents. Peut-on croire en effet qu'une élévation de douze pieds, sur la surface de cette vaste mer, fasse monter les eaux jusqu'à 24 pieds dans le golfe de Siam, et que cette colonne d'eau, en s'affaissant sur elle-même, ait causé autant de désastre qu'il en paraît dans cette région? La réponse que ces

MM. donnent à la difficulté présente, n'est donc pas suffisante : il faudrait presque que cette masse d'eau fût détachée du sein des mers, et retombât comme un rocher sur leur surface, pour produire des ondulations de cette hauteur, à une distance si considérable.

Il ne faut pas se faire illusion, ni se laisser subjuguer par un nom immortel. L'effet ne répond point à la cause, puisqu'il la surpasse. Quand même M. Newton se serait trompé, et qu'en pleine mer les eaux s'élèveraient beaucoup plus, pourraient-elles, en rentrant paisiblement à leur place, faire monter le flux, par exemple, dans la baie d'Hudson à 16 pieds, et à la rivière de Cook, jusqu'à 20 pieds quelquefois? En vain je veux rapprocher la cause de l'effet; je trouve une distance trop grande, pour l'un et l'autre endroit, de l'équateur, et une mer trop vaste d'un côté, et un Océan trop embarrassé de sinus de l'autre, pour que les ondulations pussent y parvenir aussi fortes. Une arène trop étendue et des obstacles trop répétés sont aussi funestes au mouvement l'un que l'autre.

Si les mers étaient moins étendues que les continents, on ne pourrait peut-être attribuer le mouvement du flux qu'à l'attraction des astres, et la cause que j'indique pour le moment, ne serait pas recevable. Le contenant étant plus grand que le contenu, les lois attachées à l'élément du bassin absorberaient celles du fluide. Les eaux des mers resteraient immobiles dans leurs abîmes, comme celles d'un lac, d'un étang ou même comme une goutte d'eau ou de rosée sur la feuille que le zéphir agite. Il faut que le choc soit proportionné à la résistance, pour ébranler un monument que l'on veut abattre ; de même il faut aux eaux une masse proportionnée à la force motrice (5ᵉ principe) pour qu'elles soient sensibles à l'impulsion du mouvement de la Terre. Mais elles occupent les trois cinquièmes de la surface du globe, elles sont donc assez volumineuses pour en recevoir l'impulsion. Ce n'est point précisément parce que la mer Caspienne ne communique point avec l'Océan, qu'elle n'a point de flux, mais parce que son volume d'eau n'est point assez considérable, et qu'elle se trouve sous des parallèles trop éloignés de l'équateur terrestre.

La Terre tourne sur son axe d'Occident en Orient : tout le monde en convient ; c'est un fait palpable, et son mouvement a plus de force centrifuge sous le grand cercle de l'équateur,

que sous tout autre parallèle : c'est encore une
vérité admise par tous les hommes instruits.
Par conséquent les eaux doivent se porter, par
leur mobilité et la résistance de l'air atmosphérique (4ᵉ principe), d'Orient en Occident; d'où
elles doivent revenir, pour se remettre en équilibre, avec elles-mêmes, inonder de proche en
proche les côtes occidentales des deux continents. Tel est le premier mouvement des
eaux.

Pendant qu'elles vont se perdre vers les pôles,
en établissant les marées de parallèle en parallèle, celles du Septentrion et du Sud, attirées
par le mouvement de l'équateur terrestre, pren-
nent aussitôt leur place, le long des côtes orientales des continents, autant qu'il n'y a point
d'obstacle qui s'y oppose, comme des caps et
des écueils cachés, parce qu'alors elles sont forcées de s'en éloigner, et font par ce mécanisme
qu'il est aussitôt pleine mer à l'île d'Anholt
qu'au cap Bojador, et par cet arrangement
produisent l'établissement successif des marées dans les ports des deux mondes. De sorte
que les eaux ne font que circuler par ondulations proportionnées à leur volume et au
mouvement réglé et uniforme de la Terre,
d'une zone dans l'autre, d'où elles reviennent

par rapport à notre Océan , attirées perpétuellement par l'attraction de l'Équateur, comme
je l'ai dit, ne trouvant pas d'issue assez spa-
cieuse pour se réunir à celles de la mer du Sud
par le Nord, ce qui fait que les marées sont
bien plus grandes sur les côtes orientales que
sur les côtes occidentales des continens , sous
les mêmes parallèles et vers les pôles, qu'entre
les tropiques, puisqu'à la baie d'Hudson et à
la rivière de Cook, elles montent depuis 16
jusqu'à 20 pieds. On en verra la raison plus
détaillée ci-après.

Ce mouvement des eaux, comme je viens de
l'expliquer, me semble si réel, que, le long
des côtes septentrionales et orientales de
l'Amérique, on peut remarquer une suite de
flux et de reflux qui se succèdent comme les
flots d'une mer agitée. Depuis l'île des Tortues
jusqu'au Groenland, les pleines et les basses
mers se succèdent sans interruption. C'est un
flot qui chasse l'autre : car il est impossible qu'à
8 heures, il soit pleine mer à l'isthme de Panama, et à 9 heures à la baie d'Hudson, de la même
marée , et que dans les ports intermédiaires il
soit pleine et basse mer presqu'à toute heure.
Je ne parle que de cette partie des mers, parce
que c'est dans cette latitude qu'on a mieux

observé l'heure des marées. D'où l'on peut conclure qu'il en est de la mer comme du jour : elle est pleine et basse, montante et descendante sans interruption, comme il est jour et nuit en même temps.

Ce que je dis du flux de la mer Atlantique, doit s'entendre de celui des autres. C'est toujours le même mécanisme, quoique l'effet ne soit pas précisément le même à cause des localités.

Concluons par surabondance, mais pour plus ample explication, que, pendant que les eaux de la zone torride se portent vers l'Orient des mers, par réaction celles de leur Occident se précipitent à leur place pour se mettre en équilibre avec elles-mêmes, en montant des pôles vers l'Equateur, et par cette circulation, donnent naissance aux courans en éternisant la cause des marées.

On conçoit aisément de ce qui précède, que la force qui porte les eaux vers les côtes orientales des continens, est supérieure à celle qui les rejette sur les côtes occidentales. Pour revenir sur elles mêmes, elles ont à vaincre la résistance de l'atmosphère, qui les porte en sens contraire à l'impulsion qui leur est donnée (4ᵉ principe), au lieu qu'elles sont portées vers l'Occident des mers de tout leur poids, sans éprouver la moindre résistance, poussées au contraire par l'atmosphère dont le souffle se fait sentir sous le nom de vent alisé. Aussi est-il visible par la deuxième et la troisième donnée, qu'elles se portent sur l'Amérique et sur l'Asie orientale avec une force incomparable à celle qui les renvoie sur les rivages opposés.

L'élévation des eaux dans le golfe du Mexique, prouve qu'elles s'y accumulent avec une force prodigieuse, et les sinus profonds que l'on remarque sur les côtes orientales de l'Asie et de l'Amérique, les archipels nombreux des deux continens situés toujours à leur Orient, comme les Antilles, les Maldives, les Philippines, les Moluques, démontrent cette vérité avec une évidence qui ne permet aucun doute. Voyez un globe.

Le flux et le reflux ne sont donc rien autre chose que le balancement des eaux d'Orient en Occident et d'Occident en Orient; des pôles vers l'équateur, et de l'équateur vers les pôles, par les causes que je viens d'indiquer.

D'où il suit que le vrai siége du flux et du reflux ne se trouve qu'entre les tropiques, ou si l'on veut, sous la Ligne, puisque c'est sous ce grand cercle que le mouvement de la Terre a plus de force centrifuge ; mais que la source en est aux pôles, parce que le mouvement de rotation du globe imprime aux eaux des pôles une direction centripète qui les fait refluer vers l'Équateur.

En considérant les deux principaux caps du monde, celui de Horn et celui de Bonne-Espérance, on aperçoit sensiblement cette double direction des eaux de la mer. Le cap de Horn est prolongé vers le pôle antarctique de 22 degrés au moins plus que celui de Bonne-Espérance. Outre cela, sa forme aiguisée démontre à qui n'a pas de préjugé contre ces nouvelles idées, que les eaux se portent à cette hauteur du pôle vers l'Équateur, tandis que la pointe arrondie de l'Afrique prouve que les eaux de la mer des Indes, en se rendant dans l'océan Atlantique, attirées par l'Équateur, l'ont moulé relativement à leur direction.

Une question se présenterait ici à résoudre, mais nous nous réservons de le faire à la septième difficulté que nous nous proposons.

D'où il suit que les courans dans les mers n'ont point d'autre cause de leur existence que celle du flux. Jusqu'ici on n'a fait qu'en douter, aujourd'hui il n'y a plus lieu, comme nous le verrons à l'article des courans.

D'où il suit que le flux et le reflux doivent être bien moins sensibles en pleine mer que sur les rivages maritimes, parce que sur les côtes, les eaux se trouvent entre deux puissances qui se disputent la victoire, l'une en les chassant et l'autre en les repoussant, au lieu qu'en pleine mer ce conflit ne peut avoir lieu, comme on le conçoit, sans que je m'explique davantage.

D'où il suit que vers le Nord, les marées doivent être plus grandes que vers le Sud, parce que les eaux qui se portent vers le Nord n'ont pas une communication aussi libre avec les mers du Septentrion, que celles qui coulent vers le Sud pour se mettre en équilibre, et que celles qui se répandent de l'équateur vers le pôle les empêchent en partie de refluer vers la ligne.

D'où suivent deux conjectures, qui ont une connexion si étroite avec ce qui précède, que je ne puis les omettre : c'est-à-dire, qu'il n'y a point de passage vraiment libre vers le Nord, pour passer dans la mer du Sud ; autrement les marées ne seraient pas aussi fortes qu'elles le sont dans ces climats. 2° Que les pôles de la

Terre ne doivent pas être également aplatis, parce que les terres du Septentrion n'obéissent pas au mouvement centripète comme les eaux du pôle opposé. Ce qui peut être la cause de l'inclinaison de l'axe et de sa nutation.

D'où il suit enfin, que les mers qui n'ont point une barrière de renvoi à une distance proportionnée à leur volume, comme la mer Atlantique en a une sur les côtes de l'Amérique, ou n'ont point de flux, ou l'ont différemment réglé, si elles ont toutefois un volume d'eau suffisant : comme il est posé en principe.

Si, au milieu de la grande mer Pacifique, il ne paraît point sensible, c'est parce que les barrières de renvoi sont trop distantes l'une de l'autre, et que le mouvement centrifuge de notre planète, attirant sans cesse les eaux des pôles par son action perpétuelle, les soutient à la même élévation. Il en arriverait autant à l'océan Atlantique, si les eaux parvenaient à couper l'Amérique en deux. A l'isthme de Panama, les mers s'élèveraient encore sous l'équateur; le flux aurait une autre périodicité, et peut-être cesserait-il sur nos côtes.

Si dans la Méditerranée on n'observe que peu de flux, ce n'est point seulement, comme le prétendent quelques physiciens, à cause qu'elle est située hors de la zone Torride , mais encore parce qu'elle n'a point de digue pour renvoyer les eaux au détroit de Gibraltar. Les côtes de la Barbarie et de l'Espagne, n'opposant qu'une résistance oblique, anéantissent la force avec laquelle le mouvement de la Terre les porte vers le détroit. Cependant dans le golfe de Venise et dans l'Euripe, on s'aperçoit aisément que les eaux sont balancées par une force étrangère, et la fréquence de leur mouvement peut démontrer à l'homme qui n'est point prévenu, que si la Méditerranée était fermée au détroit de Gibraltar, elle aurait un flux et un reflux différemment réglé, il est vrai, que celui des autres mers, parce qu'elle n'a pas dans toute sa longueur, la moitié de la distance qu'il y a du fond du golfe du Mexique jusqu'à nos côtes. De plus, elle n'est pas située assez près de l'Équateur pour participer à son mouvement.

Si l'on fait attention que les eaux qui entrent par le détroit, au temps des marées, ne peuvent causer le flux que l'on remarque dans l'Euripe et le golfe de Venise, on sera moins surpris des conséquences que je tire. Les marées n'entrent que deux fois en 24 heures dans la Méditerranée, et le flux et le reflux se font sentir chacun quatorze fois dans le même espace de temps. Ce n'est donc pas le flux de la mer Atlantique qui cause ce mouvement.

Le flux n'entrant qu'obliquement dans la Méditerranée, n'a qu'une action en zigzag sur les eaux. Or, un semblable mouvement se réduit bientôt à zéro, selon toutes les lois connues du mouvement des corps. Donc, ce n'est pas le flux de l'Océan qui se répète au fond de la Méditerranée, mais bien l'effet indirect du mouvement diurne du globe, sur les mers un peu étendues et qui ont une direction convenable sous le même parallèle.

La distance du détroit au golfe de Venise ou à l'Euripe est plus que suffisante pour amortir l'effet du flux qui ne se fait sentir qu'à peu d'endroits sur cette mer; surtout si avec sa longueur, on combine la largeur et la disposition de ses rives opposées. De plus, les eaux n'y sont point, ce semble, assez accumulées pour être renvoyées du fond de la Méditerranée, puisqu'elles y entrent sans cesse par le détroit de Gibraltar. Par conséquent, ce balancement rapide des eaux qui a lieu dans le golfe de Venise et dans l'Euripe, ne peut venir ni du flux de l'Océan, ni de l'action de la Lune, ni du courant qui entre par le détroit ; mais du mouvement de la Terre, mais de la cause commune aux courans et aux marées.

Dans ce cas, il n'est pas difficile de s'imaginer pourquoi elles se balancent si rapidement entre les rivages opposés de la Grèce, sans opérer le même phénomène entre les côtes de la Barbarie et de l'Espagne. La raison m'en semble aussi palpable que naturelle. C'est qu'aux extrémités des distances, le mouvement imprimé est plus sensible qu'à son origine. Il n'est donc pas étonnant qu'on remarque jusqu'à 14 flux et autant de reflux, en 24 heures, dans l'Euripe. Ce phénomène singulier est encore une preuve en faveur de mon hypothèse.

Si la mer Noire avait des communications plus libres avec la Méditerranée, on verrait le même jeu se répéter dans les eaux de la mer d'Azof. Mais ses détroits étranglés et sa direction principale doivent la faire considérer comme un lac isolé dont les eaux n'ont point assez de volume pour être sensibles à l'impulsion du globe, comme l'Océan.

Il en faut dire autant de la mer Caspienne ; elle est trop peu étendue de l'Est à l'Ouest, pour recevoir l'impulsion nécessaire à cet effet, n'ayant pas beaucoup plus de 100 lieues marines sous le même parallèle ; c'est-à-dire la huitième partie de l'espace qu'il y a entre les portes de la Méditerranée et les côtes de Phénicie. Aussi paraît-il le long de ses rivages autant de sinus d'un côté que de l'autre. Ce qui n'a pas lieu où il y a du flux.

Quant à la mer Baltique, c'est plutôt la direction de son entrée vers le Nord, son extension du Nord au Sud, les obstacles qui se trouvent au détroit du Sund, qui la privent du flux et du reflux par communication, que son éloignement de l'équateur terrestre.

Pour la mer Rouge et le golfe Persique, ils doivent être sujets au flux et au reflux ; leur direction du Sud au Nord y est favorable. Et les courans qui chassent tour-à-tour de l'Ouest à l'Est ou de l'Est à l'Ouest, doivent y soutenir les eaux à une élévation qui surpasse le niveau de la Méditerranée. Aussi, dit M. Dulague, au-dessous de Suaquem, dans la mer Rouge, les eaux s'élèvent de dix pieds : sur les côtes à six ; mais elles montent beaucoup plus haut à Suez. Preuve que les courans y portent les eaux avec force, et les y consignent avec empire, par la raison qu'un fleuve rapide, qui passe à l'embouchure d'une rivière qu'il reçoit,

en soutient les eaux à une élévation qui surpasse son niveau ordinaire.

De tout ceci, il est facile de conclure que si
les marées avaient leur siége et leur source
sous la Ligne, ou entre les tropiques, comme
dans le systême de l'attraction, elles devraient
être d'autant plus grandes que le parallèle sous
lequel elles ont lieu, a plus de rayon. Car il est
certain que la force centrifuge d'une sphère qui
tourne sur son axe, décroît à proportion que
l'on s'éloigne de son grand cercle. Par conséquent le flux devrait être, selon mes principes,
dira-t-on, plus fort sous la Ligne que sous les
tropiques, et sous ces derniers parallèles, que
vers les cercles polaires (*). Cependant le
contraire arrive, surtout dans notre Océan:
car il n'en est pas de même dans la mer du
Sud.

(*) On a observé que le flux n'est plus sensible au-delà du
soixante-cinquième degré de latitude ; cependant la mer monte
encore dans la baie d'Hudson et à l'embouchure de la rivière
de Cook. Cette observation, tout inexacte qu'elle est, était
bonne pour les amateurs de l'attraction, qui sont un peu
embarrassés des marées qui se prolongent, un peu trop pour
eux, vers les pôles; mais pour moi elle est inutile, et je l'ad-
mets telle qu'elle est : car ce sont moins les eaux qui viennent
de l'Équateur, que celles des pôles, qui causent ce gonfle_
ment ; *vide supra.*

Au cap Français, à l'île des Tortues, la mer monte de trois à cinq pieds, tandis qu'à la Nouvelle-Angleterre, sur la côte du Labrador, à la baie d'Hudson, elle monte de neuf jusqu'à seize pieds et au-dessus. A la vérité, du côté du Sud, dans le même Océan, la même singularité n'a pas lieu. Si elle monte jusqu'à 10 pieds à Carthagène, à 25 à l'embouchure du fleuve des Amazones ; elle ne s'élève qu'à trois pieds au canal de Noel, etc. On en sent la raison : les mers sont libres et ouvertes du côté du Sud, au lieu que du côté du Nord, elles sont comme fermées.

Dans le système de l'attraction, cette singularité est inexplicable : car plus on s'éloigne du point de départ, plus la force doit s'affaiblir, conséquemment, il ne devrait presque pas y avoir de flux dès nos parages ; mais dans celui que j'établis, on voit deux forces puissantes dont l'une chasse les eaux de l'Équateur vers les pôles, et l'autre les repousse des pôles vers l'Équateur. Ces deux forces sont le mouvement centrifuge et le mouvement centripète du globe.

Dans le système de l'attraction, il est impossible d'expliquer pourquoi, plus on approche de l'Équateur, en marchant d'Orient en Occident, plus les eaux semblent avoir entrepris sur les continents. Les archipels nombreux qui se trouvent sur toutes les mers, les îles multipliées, les golfes profonds qui se trouvent sur les côtes orientales des continents plutôt que sur les autres, démontrent sensiblement que les eaux se portent avec plus de poids sur ces côtes que sur les côtes opposées (2ᵉ donnée). Dans le système que j'expose, on en conçoit aisément la raison. Elle est évidente pour ceux qui se rappellent ce que j'ai dit (6ᵉ principe).

Mais, dira t-on, car on ne laissera passer rien; le préjugé avec ses calculs aura de la peine à se rendre : les pôles ne sont-ils pas également ravagés sous tous les méridiens... Oui sans doute, et ils doivent l'être dans l'hypothèse présente, mais pour d'autres raisons. Ce ne sont point les eaux qui se portent à l'Est plus qu'à l'Ouest des continents, dans ces parages, mais celles qu'attire l'Équateur terrestre, par son mouvement centrifuge, vers la Ligne, qui ont causé les ravages que l'on remarque au-delà des cercles polaires.

Quand on considère attentivement un globe terrestre, on voit 1°, Qu'il n'y a point de force, sous ces parallèles, qui chasse les eaux à l'Orient plus qu'à l'Occident. Les mers au

contraire semblent entreprendre sur les continents, au pôle arctique principalement,
avec une égale force sous le même parallèle.
2°, Qu'elles sont au contraire refoulées des
pôles vers les tropiques, par la force centripète aussi réelle que la force centrifuge dans
une sphère en mouvement. Preuve non
équivoque qu'il y a, aux pôles, une autre
puissance qui les agite, que sous la Ligne; que
cette puissance est et ne peut être que la
force centripète qui appelle constamment les
eaux vers l'Équateur. Aussi peut on remarquer que les sinus et les pointes des terres ne
sont plus tournés de l'Est à l'Ouest, comme
dans la zône Torride et aux environs, mais du
Nord au Sud ou du Sud au Nord, selon le
point d'où on les envisage. D'où on peut conclure que vers les pôles il doit y avoir des
écueils dangereux et difficiles à franchir.

Reprenons la suite de nos corollaires pré-
cédents D'où il suit que vers le pôle arctique
il ne peut y avoir que des détroits resserrés
pour communiquer de l'Océan dans la mer du
Sud.

D'où il suit que les marées ne peuvent
être égales entre elles, parce que les
bords entre lesquels les eaux sont balancées

ne sont ni parallèles, ni tirées au cordeau, dans les deux mondes, et parce que les mers qui y contribuent ne sont pas à égale distance. En effet lorsque les eaux des baies de Baffin, d'Hudson, de l'Assomption et des Esquimaux, attirées par le mouvement centrifuge de l'Équateur, se précipitent entre les tropiques, par des courans sensibles ou cachés (*), le long des côtes orientales de l'Amérique, elles doivent causer une augmentation dans le flux ordinaire, surtout, quand par les circonstances, elles se trouvent réunies ensemble.

Lorsque celles de la mer des Indes viennent à se jeter par la même cause dans le golfe du Mexique ou entre les tropiques, elles doivent causer une seconde différence, d'autant plus sensible que leur masse est beaucoup plus considérable. Enfin quand les grandes eaux des mers Pacifique et du Sud, doublant le cap de Bonne-Espérance, se réunissent à celles

---

(*) On sait que les premières couches d'un fluide obéissent à l'impulsion principale, et qu'il n'y a que les secondes couches qui cèdent à la réaction. On peut observer ce jeu dans un accul le long d'un torrent rapide: il ne se décharge des eaux qui y entrent sans cesse, que par les couches inférieures qui cèdent à la réaction. Lorsque deux puissances luttent ensemble, la plus faible est obligée de céder.

de la mer du Brésil et se jettent sous la Ligne, elles doivent nécessairement produire une troisième différence; et lorsque par la combinaison des circonstances, toutes ces eaux concourent au même effet, elles doivent absolument causer les plus grands flux et reflux possibles.

Qu'on ne dise pas que toutes ces circonstances ne sont que des enfans d'imagination, ou qu'elles ne sont pas périodiques. Les réponses au premier membre de l'objection sont ci-après. Et je réponds au second que, comme la cause est réglée, l'effet doit l'être aussi, et que les ondulations des mers étant commandées par un mouvement calculé, ne peuvent arriver par hasard.

Si à ces causes de la variation des marées, on ajoute l'action du Soleil sur l'atmosphère au tems des équinoxes et des solstices, on aura une idée complète, je crois, des irrégularités périodiques des révolutions de la mer. Quand je parle de l'action du Soleil, je n'entends pas parler de son attraction, mais de l'action physique de ses rayons sur la surface des mers, action qui doit nécessairement raréfier l'air où il se trouve, et attirer, par ce moyen, les eaux des pôles, qui, pour se soustraire à la pression qu'exerce sur elles l'air condensé de ces climats, et obéir au mouvement centripète de la Terre sous cette latitude , se portent tour-à-tour sous les tropiques ou du Cancer ou du Capricorne selon la saison. De sorte que je suis convaincu que, selon la position du Soleil dans l'Écliptique , les pôles de notre planète doivent varier de forme, s'alonger ou s'aplatir à proportion que le Soleil s'éloigne ou s'approche de notre zénith; variation qui pourrait bien être la cause du mouvement de nutation que les astronomes du premier ordre ont observé dans l'axe de la Terre; aussi bien que l'attraction de la Lune dont l'empire troublera bientôt nos ménages, si l'on continue à lui donner tant d'autorité sur notre planète.

J'ai dit plus haut : irrégularités périodiques ; en effet , comme le mouvement du globe est égal et uniforme dans toutes les saisons, le mouvement des eaux doit l'être aussi ; mais comme il faut plus de tems aux eaux d'une mer pour se rendre sous la Ligne qu'à celles de l'autre, il doit donc y avoir irrégularité dans le flux, surtout par rapport à notre Océan, et périodicité dans cette irrégularité, parce que leur distance, à l'Équateur, soit en longitude ou en latitude, ne varie pas et est toujours la même. Je dis: par rapport à notre Océan, parce qu'il doit y avoir une autre irrégularité pour les grandes mers du Sud et des Indes.

PREUVES DE CE QUI PRÉCÈDE.

Le Capitaine Cook, ce marin observateur, a remarqué que les marées venaient du Sud, sur les côtes de la Nouvelle-Zélande. Cette direction prouve que les eaux se portent des pôles vers l'Équateur. Il en est de même pour les mers du pôle arctique, le flux qui se fait sentir dans la baie d'Hudson et à la rivière de Cook peut servir d'induction sur cet article : car cette élévation des eaux à une distance aussi grande de l'Équateur ne peut être produite par les ondulations des mers, n'importe dans quelle hypothèse.

Tous les marins attestent qu'il y a des courans, au cap de Bonne-Espérance, qui empêchent de le doubler à volonté. Les mers des Indes viennent donc réunir leurs eaux à celles des mers du Brésil, comme je l'ai avancé.

Le Capitaine Biron a observé que vers l'île de Sumatra, les marées portaient tantôt au

Sud-Est, et tantôt au Nord Ouest, avec la même rapidité : donc, les courans ou les marées ont une autre direction entre les tropiques que vers les pôles (*). Donc, puisqu'il faut en avertir le lecteur, mes idées sur la cause du flux et du reflux ne sont ni gratuites ni sans fondement. A la vérité, elles ne sont pas appuyées sur les profondes théories du calcul ; elles ne sont point annoncées avec cet appareil algébrique, qui prévient les esprits ; elles n'ont que la simplicité pour ornement. Je ne raisonne que d'après les principes admis en physique et les observations qu'ont faites les marins les plus célèbres. Je ne cherche qu'à me mettre à portée du lecteur le plus simple, afin qu'il me juge sans partialité. Je ne crains que la prévention et le préjugé.

D'après les observations de M. Wales, les marées sur les côtes de la Nouvelle-Zélande, précèdent de trois heures le passage de la Lune au méridien, dans les nouvelles et

---

(*) On n'exigera pas sans doute ici une précision qui ne permette aucune réflexion. Les localités ne sont pas toujours favorables ; il y a des obstacles qui doivent entrer en considération et qui changent la direction des mouvemens.

pleines Lunes. Dans nos mers, la Lune les précède de trois heures : donc la Lune est pour peu de chose dans le rôle qu'on lui fait représenter (*). En effet voilà six heures de différence, entre l'attraction de la Lune, dans l'hémisphère Méridional, et la même attraction dans l'hémisphère Septentrional, quoique, eu égard aux localités, le contraire devrait être, puisque les mers sont plus ouvertes au Midi que vers le Nord.

Cette difficulté embarrassait Newton même, et il faut avouer qu'elle n'est pas facile à résoudre, dans le système de l'attraction, d'autant que d'après cela, cette vertu que l'on attribue à la Lune ne peut être une règle générale pour l'établissement des marées qui ont lieu dans les ports des différens peuples qui habitent le long des rivages maritimes des deux Mondes. D'où je conclus que les marées ne sont point causées par le principe que l'on admet, et que l'accord des marées avec les nouvelles et pleines Lunes, est plutôt un effet de circonstances que celui de l'influence réelle de cet astre.

______

(*) Si l'on raisonnait en matière de religion comme l'on fait dans certaines sciences, je ne serais pas surpris des progrès de l'incrédulité.

Comment attribuer effectivement à la plénitude ou à la naissance de la Lune, à son
passage par le méridien, ou à sa conjonction
avec le Soleil, un effet qui n'accompagne
précisément aucune de ces positions, puisqu'il arrive plus tôt ou plus tard? Par quelle
loi notre méridien sera-t-il plus privilégié
que les autres? la Lune n'est-elle pas toujours pleine, quoique moins resplendissante?
N'est-elle pas toujours perpendiculaire au
centre de la Terre, à quelque méridien
qu'elle soit placée? Ne conserve-t-elle pas
toujours le même volume et la même masse,
croissante ou décroissante? Est-ce à son éclat
qu'on attribue sa vertu attractive et non à
sa masse? Or, si elle ne diminue pas de masse,
elle doit conserver la même vertu en tous
tems, et produire le même effet. Par conséquent les marées devraient être toujours
égales en tous tems, ou ne varier que selon
sa position relative à notre zénith, et ne
rappeler les mêmes marées que de 19 ans
en 19 ans.

Si l'attraction de la Lune opérait comme
celle de l'aimant, et que l'effet accompagnât
sans délai la cause, il serait difficile de méconnaître son empire sur les eaux ; mais il

faut qu'elle passe trois fois par le même méridien , avant que les mers s'aperçoivent de son influence; il faut être dépourvu de cause, pour admettre celle-ci. Continuons.

Le gisement des terres, la position respective des principaux caps du Monde tournés du Nord au Sud, ou du Sud au Nord, d'Occident en Orient, ou d'Orient en Occident, selon qu'ils sont dans la zone Torride ou dans les zones Tempérées, ou Glaciales, la forme des îles, la projection des archipels, prolongés selon le plan de l'Équateur ou celui des méridiens, la direction des golfes ou celle des courans, etc., sont autant de monumens qui démontrent, à qui n'a ni prévention ni préjugé, l'impulsion que la force centrifuge de l'Équateur imprime aux eaux des mers, aussi bien que celle du mouvement centripète.

Si M. de Buffon avait fait attention à cette force ou puissance naturelle, il se serait moins étonné de ce que les principaux caps du monde sont tournés vers leurs pôles respectifs, il aurait bientôt vu qu'ils ne sont ainsi taillés dans leurs directions réciproques, que par les courans que forme l'attraction sensible de la Terre, par son mouvement diurne sous le grand cercle de l'Équateur. Les eaux qu'il attire des pôles sous son plan ont dû nécessairement aiguiser les terres selon cette direction, en partant des pôles, autant que les circonstances l'ont permis : car il n'y a jamais de précision scrupuleuse dans les ouvrages de la Nature, et d'Occident en Orient en tournant sur son axe.

En effet les pointes des terres sont presque constamment dirigées du Nord au Midi, depuis les pôles jusqu'aux tropiques, au lieu que dans la zone Torride, elles sont généralement tournées d'Occident en Orient ou *vice versá* selon la situation des lieux. Il ne faut que considérer avec un peu d'attention., un globe soigné, pour se convaincre de cette singularité.

Dans l'hémisphère Méridional, les deux caps les plus remarquables, celui de Horn et celui de Bonne-Espérance ; le cap S.-Lucar à la pointe de la Californie, celui qui est à la pointe de la terre de Diemen, le cap de Partage, Terre de Nuys, le cap du Sud à l'extrémité méridionale de la Nouvelle-Zélande, le cap S.-Romain au Midi de l'île de Madagascar ; dans l'hémisphère Septentrional le cap Nord, celui de Ladenoy à la pointe Septentrionale de la Nouvelle-Zemble ; le cap Glacé, près du détroit de Béering ; ainsi que ceux qui tiennent à la Russie Asiatique, et mille autres dont la dénomination ne m'est pas connue sont également vers le pôle arctique, et le pôle antarctique, et semblent être aiguisés par une force qui sort des pôles pour se rendre sous la Ligne. Les mers semblent s'enfoncer dans les terres du Nord au Sud. Les baies sous le cercle polaire affectent toutes cette direction.

Entre les tropiques, au contraire, les pointes des îles, ou si l'on veut, les caps sont, pour le plus grand nombre, dirigés de l'Orient à l'Occident ou d'Occident en Orient, selon la situation des terres auxquelles ils appartiennent. Tel est le cap Saint-Augustin, le cap Saint-Tomé, le cap Frio sur les côtes du Brésil et sur celles de l'Amérique orientale méridionale; le cap de Nord, le cap Orange sur les côtes de la Guyane, le cap Nassau, terre ferme; le cap Gratias à Dios, Nouvelle-Espagne; sur les côtes de l'Asie, le cap d'Orfuy, celui de Quadarfui, celui de Fartach vers l'entrée de la mer Rouge; le cap Sainte-Marie à l'Orient de la Nouvelle-Bretagne, et ainsi de cent autres qui n'ont pas de dénomination, et qu'on peut voir sur les cartes dont la direction n'est point équivoque d'Orient en Occident. Sur les côtes occidentales de l'Afrique et de l'Amérique, même observation à faire, d'où il faut conclure que la force qui pousse ici les eaux, les chasse de l'Est à l'Ouest, et de l'Ouest à l'Est, à l'exception pourtant que la première est plus puissante que la seconde, puisque les pointes des terres sont plus saillantes à l'Orient des continens qu'à leur Occident.

Si le cap de Bonne-Espérance est plus arrondi et plus tronqué que celui de Horn, ce que l'on remarque également à la pointe des terres de la Nouvelle-Hollande vers le détroit de Bass, c'est que les eaux de la mer du Sud ne se rendent dans la mer Atlantique que par le Sud de la mer des Indes, par les raisons rapportées ci-devant en parlant de l'effet que produit le mouvement de l'équateur terrestre, comme les courans du cap de Bonne-Espérance le démontrent, conformément à la théorie du gonflement des mers ou du flux et du reflux.

S'il y a des caps qui affectent une autre direction, ce changement ne vient que de ce que ce sont des pointes de rochers que les courans n'ont pu mouler selon leur cours.

Si l'on fait encore attention à la projection des îles et des archipels qui se trouvent ou entre les pôles et les tropiques, ou entre les deux tropiques; il sera difficile de méconnaître les deux forces dont je parle, ou les deux mouvemens que je distingue à l'aide de la configuration des terres, et de refuser son assentiment à l'idée toute nouvelle que le hasard m'a fait naître.

Comme à l'embouchure des fleuves, les bancs de sable sont toujours dirigés de la mer vers leur source, de même 1º les principales îles des deux pôles se prolongent du pôle vers l'Équateur : tels sont les îles ou archipels qui se voient sur les côtes de Norwège, les Orcades, les îles de la Grande-Bretagne, la Nouvelle-Zemble, l'île Sagalien, la péninsule de Kamtchatka, l'île de Tchoka, Chisa, la terre de Jesso, le Niphon, la Formosa, la Nouvelle-Zélande, Terre-Neuve, les Açores même et les Canaries, etc.

Entre les tropiques, au contraire, elles s'étendent aussi bien que les archipels plus de l'Est à l'Ouest que du Nord au Sud. Telles sont les îles Sandwich, presque sous le tropique du Cancer, les îles des Anus, celles de la Société sous le tropique opposé, les îles de Java,

Sumatra, quoique un peu oblique à l'équateur, Combava, Flores, Timor, les Moluques, les Philippines, la terre de Papous, les îles de Salomon, Cuba, Saint-Domingue, la Trinité, et ainsi des autres dont l'énumération serait fatigante, sans ajouter à la valeur des conséquences que j'en tire. S'il y a des exceptions, ce n'est que par rapport à des courans qui sont forcés, par des causes particulières, de courir dans une direction moins prononcée, ce qui doit effiler les îles dans un sens un peu divergent. Néanmoins on peut remarquer que leurs principaux caps approchent de la direction générale sous ces parallèles, comme les îles de Celebs, Gibolo, Borneo, Madagascar et les différens archipels de la mer du Sud.

Il en est encore ainsi dans le voisinage des tropiques; les terres y semblent un peu plus arrondies, les caps moins prononcés, parce que les courans y sont forcés de fléchir leur direction pour obéir au double mouvement des pôles et de l'Équateur. Les îles qui ne se prolongent point parallèlement à la Ligne, sont en général plus contournées en forme de croissant vers l'Orient que vers l'Occident: telles sont Madagascar, Ceylan, Borneo, Celebs, Manille, etc. C'est par la même raison que les continens paraissent si ravagés à l'Est entre les tropiques. L'Amérique menace d'être un jour coupée en deux; l'Asie paraît avoir été séparée de la Nouvelle-Hollande, et celle-ci de la terre de Diemen; l'Afrique semble s'être étendue jusqu'à l'île de Dema; les Antilles, Saint-Domingue, Cuba, etc., paraissent n'avoir fait qu'un continent avec le reste de l'Amérique.

La direction des principaux golfes démontre encore ce mouvement impérieux des eaux d'Orient en Occident et du Nord au Midi. Ils sont tous ouverts et communiquent avec les mers vers l'Est, entre les tropiques. Telle est la mer Rouge, le golfe Persique, celui de Siam, du Mexique, de Honduras, et ainsi de plusieurs autres dont la dénomination n'est point indiquée sur les cartes. Les détroits viennent à l'appui de cette observation; ils sont presque tous ouverts de l'Orient en Occident. Tels sont les détroits de la Sonde, de Tores entre la Nouvelle-Guinée et la Nouvelle-Hollande, le détroit de Malaca et en général tous ceux qui séparent les îles du grand archipel Indien, aussi bien que ceux qui se trouvent entre les Antilles et les autres îles à l'entrée du golfe du Mexique; au lieu que vers les pôles les détroits sont ouverts du Nord au Sud ; tels sont ceux qui donnent passage aux eaux de la baie de Baffin dans celle d'Hudson, le détroit de Davis, le détroit de Belle-Ile, celui qui sépare le Spitzberg du Groenland, celui du Nord, celui de Weigats, etc.; tout démontre en un mot ce double mouvement des eaux des pôles vers l'Équateur et de l'Orient vers l'Occident, comme je l'ai déjà expliqué.

On ne saurait donc disconvenir que le mouvement de rotation du globe terrestre sur son axe, n'opère le phénomène dont il s'agit dans cette dissertation. Je crois l'avoir démontré d'une manière palpable et sensible. Je n'ai point invoqué le secours de la Lune pour expliquer un phénomène qui ne m'a point paru de son ressort, parce que son influence ici me semble un peu idéale. On ne sait ce que c'est que l'attraction. La définir *une vertu qui attire*, c'est dire que l'attraction est l'attraction. On ne sait pas non plus si c'est une vertu inhérente aux corps, comme la lumière au Soleil, vulgairement parlant, ou comme le son à un corps sonore, ni comment elle se communique, si c'est avec la vitesse de la lumière ou la lenteur du son. On met en principe qu'elle opère en raison directe des masses et en raison inverse du carré des distances, et néanmoins ici elle retarde, là elle précède. Vers le Sud les mers s'aperçoivent de son passage par le méridien trois heures avant qu'elle y soit arrivée, et vers le Nord ce n'est que trois heures après. On ne sait donc ce que c'est que cette vertu qui trouble les mers, qui soulève des masses énormes et n'altère en rien la gravitation d'un grain de sable. Il n'en est pas de même des raisons sur lesquelles je m'appuie, on peut les vérifier à volonté.

On n'exigera pas, sans doute, dans l'application que j'en fais, une exactitude scrupuleuse; la nature n'a pas été faite au pinceau; dans la végétation même, il y a des exceptions. Il faut une réunion singulière de circonstances, pour produire l'être le plus simple et le moins composé.

Quant aux irrégularités des marées, elles dépendent comme je l'ai avancé, de l'action du Soleil sur l'atmosphère, des sinuosités des rivages, de la profondeur des golfes, de la direction de leur entrée, et de l'éloignement des mers qui y contribuent de leurs eaux.

Ainsi la cause à laquelle j'attribue le flux et le reflux des mers est grande, naturelle, sensible et proportionnée à l'effet. Elle est palpable et appuyée sur un principe d'astronomie reconnu et avoué; sur l'état actuel du Globe; sur les observations des plus fameux marins qui aient existé; sur les lois les plus évidentes de la physique; elle confirme en quelque sorte les découvertes sur la forme des pôles. Tout homme de bon sens peut la concevoir aisément. Il ne faut qu'ouvrir les yeux, elle ouvre un vaste champ aux théories algébriques, au calcul le plus profond. Elle peut servir à indiquer sous quel parallèle, ou sous quelle longitude il peut y avoir des courans dans les mers, et quelles sont à-peu-près leurs directions.

Il ne me reste plus maintenant qu'à expliquer, à l'aide des données et des résultats qui précèdent, quelques phénomènes particuliers que l'on remarque dans ces révolutions de l'Océan. Le père Paulian, grand partisan du système de l'attraction, me servira de guide en ceci. Il divise les phénomènes du flux, en phénomènes de chaque jour, en phénomènes de chaque mois et phénomènes de chaque année. Je ne suivrai pas d'autre marche, je ne ferai qu'opposer mes explications aux siennes. Par ce moyen on sera plus à portée de juger de quel côté se trouve la vérité.

PREMIÈRE QUESTION.

Pourquoi les eaux sont-elles, à chaque flux et reflux, quelques minutes comme stagnantes soit avant de monter ou avant de descendre ?

Cette question à laquelle on n'a pas fait d'attention jusqu'ici, ne me semble point si méprisable, qu'elle ne méritât point quelque explication.

Ainsi je réponds : Comme le flux et le reflux, dans l'hypothèse actuelle, ne sont que de grandes ondulations qui se succèdent sans interruption, comme les flots sur le rivage, elles ont une certaine étendue à leurs sommets, qui les empêche de décroître à l'instant ; et comme il arrive encore que, lorsque deux puissances agissent et réagissent l'une sur l'autre, il se passe toujours un instant où la supériorité reste indécise, ainsi les eaux accumulées vers un point indéterminé, ne remportent pas de suite la victoire sur la force opposée. Il y a toujours un instant de lutte et de conflit qui dure plus ou moins, selon la grandeur de l'impulsion et la force de la résistance , jusqu'à un dernier effort, où le triomphe de l'une sur l'autre est enfin décidé. Telle est la cause de l'espèce de stagnation dont je parle.

SECONDE QUESTION.

Le père Paulian, grand partisan de l'attraction, se demande pourquoi dans chaque hémisphère, les eaux de l'Océan s'élèvent et s'abaissent deux fois chaque jour? et il répond :

La Lune et le Soleil ne peuvent pas élever les eaux d'un hémisphère, sans élever celles de l'autre, c'est-à-dire de l'hémisphere opposé.

La Lune attire plus les eaux que le centre de la Terre ne les attire, et elle attire plus le centre de la Terre que ce même centre n'attire les eaux opposées : parce que, dit-il, l'attraction suit la raison inverse du carré des distances. Si cette loi est fondée, la conséquence du P. Paulian est fausse. Car comme du centre à la circonférence de notre planète il y a plus de quatre-vingt mille fois moins de distance que de la Terre à la Lune, les eaux opposées doivent être attirées par le centre avec une force quatre-vingt mille fois plus

grande que celle avec laquelle la Lune ne les
attire. Donc il ne doit point y avoir de flux
sous aucune des parties du méridien.

L'attraction se fait de centre à centre ; et cependant, selon ses pensées, elle agit par grada-
tion le long du diamètre, d'abord sur les eaux
en conjonction, ensuite sur le centre, et enfin
sur les eaux en opposition. Ainsi, d'après ses
idées, elles sont plus légères sous le méridien
où est la Lune actuellement, que vers le centre, par conséquent celles qui sont plus voisines du centre, dans la partie opposée du
méridien, ne doivent-elles pas aussi être plus
légères que vers la circonférence ? Celles-ci
doivent donc comprimer les couches voisines
du centre, et par conséquent, point de flux
dans la partie opposée.

Ce qu'il dit des quadratures est encore un
jeu d'imagination. Il prétend que l'attraction
presse assez les eaux qui sont en quadrature,
pour les faire refluer vers les deux points
opposés du méridien terrestre ; mais deux
tangentes tirées d'un point éloigné à la circonférence d'un cercle donné, ne sont pas
perpendiculaires au diamètre. La figure qu'il
trace pour faire entendre sa pensée, n'est
donc qu'une figure de pensée. Ainsi quand

on apporte pour éclaircissement qu'on ne peut applatir une sphère, sans ajouter au diamètre de son équateur, on n'éclaircit pas beaucoup la question. Cela est vrai quand il s'agit d'une boule composée de matières liquides et de forces perpendiculaires au diamètre ; mais celles dont il est question ne le sont pas, puisque l'eau n'est pas susceptible de compression, au moins sensible.

Pour moi, je réponds tout simplement que, pendant que notre globe tourne sur lui-même, et que son mouvement fait faire 3,000 lieues à son équateur en 24 heures, les eaux de la mer, par cette impulsion, par leur mobilité, par leur divisibilité, par leur sensibilité, si j'ose m'exprimer ainsi, par la résistance de l'atmosphère, se portent deux fois en 24 heures sur les rivages orientaux des continents, d'où elles reviennent sur les côtes opposées en tout ou en partie, et se répandent vers les pôles pour reprendre leur équilibre ; *vide suprà*.

TROISIÈME QUESTION.

Pourquoi les plus grands flux et les plus grands reflux arrivent-ils lorsque la Lune est dans les syzygies, c'est-à-dire, lorsqu'elle est pleine ou nouvelle?

MM. les Newtoniens répondent, dit le P. Paulian, qui ne trouve de difficulté nulle part : C'est parce que le Soleil et la Lune se trouvant sur la même ligne, concourent au même effet, et le flux doit être produit par la somme des forces attractives de ces deux astres. Par une raison contraire, dans les quadratures, il doit être le plus faible possible, parce qu'il ne doit être produit que par la différence qu'il y a entre l'attraction de ces deux astres.

Cette réponse est assez bonne pour les marées des nouvelles lunes, elles doivent être en effet très-fortes ; mais dans la pleine lune, il n'en peut être de même. Le Soleil ne peut concourir au même effet avec la Lune. Si dans les quadratures, le Soleil trouble l'action de la Lune, selon les partisans même de l'attraction, comment ces deux astres, lorsqu'ils sont en opposition, peuvent-ils concourir au même résultat ?

Le Soleil, dit M. Newton, contribue de deux pieds un quart à l'élévation des eaux de la mer, tandis que la Lune les élève de neuf pieds trois quarts. Par conséquent dans la pleine lune, les marées doivent être les plus petites qu'elles puissent être sous le méridien par lequel passe la Lune, et presque nulles sous celui où se trouve au même moment le Soleil : le contraire néanmoins arrive. Quelque prévenu que l'on soit en faveur du système de l'attraction, cette difficulté me semble de nature à refroidir le zèle.

Dira-t-on que le Soleil attirant sous le méridien le centre de la Terre, laisse aux eaux opposées la liberté d'obéir plus facilement à l'attraction de la Lune, et que sous son méridien la Lune en fait autant par rapport au Soleil? Ce ne sera pas résoudre la difficulté; la conséquence sera toujours la même. Deux puissance inégales et opposées qui se disputent une conquête, doivent produire des effets bien différens de ceux qu'elles produisent lorsqu'elles concourent au même but.

Il faut donc avouer que dans le système de l'attraction, on ne satisfait pas aux principales difficultés. L'accord des marées avec le passage de la Lune par le méridien, n'est pas encore tel qu'on ne puisse douter de l'influence de l'un sur l'autre. En effet : ici les marées précèdent son passage de trois heures, là elles se font sentir trois heures après. La différence est un peu grande pour que l'attraction soit la vraie cause du flux et du reflux. Un aimant placé à distance convenable, exerce aussitôt son empire sur le fer. Une goutte d'eau se défigure dès qu'elle est à portée d'une autre; il doit en être de même de l'attraction. Cette vertu doit accompagner l'astre comme son atmosphère, ou comme la lumière accompagne le Soleil.

Eh bien, comment expliquez-vous, vous, me dira-t-on, l'accord qui paraît entre le flux et les syzygies? Le voici :

Les premières marées qui ont eu lieu sur le globe n'étaient pas réglées comme elles le sont aujourd'hui. Les mers n'étaient pas disposées comme elles le sont, elles étaient moins étendues et plus répandues. Les eaux n'avaient pas encore défiguré notre globe comme il est de nos jours. La grande mer Pacifique ne communiquait que difficilement et par de longs circuits avec la mer des Indes, et celle-ci n'était pas plus à portée de la mer Atlantique. Le cap de Bonne-Espérance était aussi prolongé que le cap de Horn, et peut-être plus vers le pôle antarctique. Conséquemment il pouvait y avoir trois flux et trois reflux en même tems, sous le même parallèle; mais ces trois flux qui avaient lieu, l'un dans la mer Atlantique, le second dans la mer des

Indes qui communiquait alors avec la mer Caspienne, et le troisième dans la mer Pacifique, n'étaient ni si considérables, ni réglés comme ils le sont à présent. Ils avaient une autre *périodicité*, par rapport à la distance réciproque de leurs rivages ; mais dès que les eaux de la mer du Sud se furent ouvert un passage sous la Ligne, vers les Philippines et les Moluques, comme je l'ai déjà dit, et entrèrent dans la mer des Indes, elles en augmentèrent de beaucoup le volume d'eau. Celle-ci pour se maintenir en équilibre avec elle-même, força les barrières qui la contenaient, en ravageant les terres qui se trouvaient vers le cap de Bonne-Espérance, et se répandit dans l'océan Atlantique à mesure que la mer du Sud s'ouvrait une issue vers les îles de Borneo, de Java, etc., pour obéir à l'impulsion du mouvement de l'équateur terrestre. Alors notre Océan, surchargé d'un volume d'eau qui surpassait la capacité de son bassin, se répandit sur les terres les plus basses qui l'avoisinaient ; et alors le golfe du Mexique, la Méditerranée, la mer Baltique, les baies de Baffin et d'Hudson prirent naissance. On conçoit aisément que, dans ces révolutions, les marées durent changer souvent de périodicité. Peut-être furent-elles quelque tems parfaitement d'accord avec les lunes, mais à mesure que les mers entreprirent sur les continens, que leur surface s'étendit, cet accord s'évanouit. Jusqu'ici il y a trois jours pour nos parages, mais si l'isthme de Suez ou de Panama venaient à se rompre, il est aisé de concevoir que les marées auraient encore une autre révolution.

Le phénomène des syzygies est donc tout naturellement un accord de rencontre, un effet du hasard, comme il y en a bien d'autres dans la nature. Le mouvement de la Terre étant réglé, celui des eaux l'est aussi, et les marées dans leur irrégularité peuvent s'accorder avec les phases de la Lune à deux ou trois heures près, sans attraction et sans calcul. Deux hommes peuvent avoir la même pensée, sans que l'un influe sur l'autre. Leibnitz et Newton, sans s'être vus, découvrirent presque en même tems le calcul différentiel.

QUATRIÈME QUESTION.

Pourquoi les fleuves et les rivières qui sont sous la ligne ou entre les tropiques, n'ont-ils point de flux?

MM. les Newtoniens répondent : C'est parce

qu'il est impossible qu'une partie de leurs eaux soit en conjonction et l'autre partie en quadrature avec la Lune.

En effet, je ne connais aucun fleuve dans le monde qui ait un si long cours sous le même parallèle. Mais quand même il y en aurait de cette étendue, ce ne serait pas une raison pour les rendre susceptibles de flux. Quand la Lune passe par notre méridien, nulle partie des eaux de la mer Atlantique n'est en quadrature; elle n'a pas plus de 60 à 70 degrés de largeur dans sa plus grande dimension. Outre cela, à quoi sert ici la quadrature? L'attraction ne se fait-elle pas en ligne directe de centre à centre? Cette réponse n'aplanit donc pas la difficulté.

Pour moi, je réponds conformément à mes principes, que cela arrive par plusieurs causes: la première, parce que leur volume d'eau n'est pas assez considérable pour être sensible au mouvement de la Terre (5ᵉ principe); la seconde, c'est parce que leur cours n'est pas dirigé sous le même parallèle, et que souvent il est trop rapide, descendant de lieux trop élevés, pour remonter vers sa source.

CINQUIÈME QUESTION.

Pourquoi les marées ne sont-elles plus sensibles au-delà du 65ᵉ degré de latitude?

Selon MM. les disciples de Newton, c'est parce que la Lune n'a qu'une action oblique sur la mer. Ces MM. ne se rappellent donc pas qu'elle n'a point une autre action sur la mer dans les quadratures? et cependant ils trouvent son action si importante sur les eaux, qu'ils prétendent que les fleuves n'ont point de flux entre les deux tropiques, parce qu'il est impossible que leurs eaux soient en conjonction et en quadrature en même tems. L'obliquité dont ils parlent ici, n'est qu'une réponse pour ne pas rester muet.

Pour moi, je réponds que c'est à cause que le flux qui se répand vers les pôles, par communication, est absorbé par celui que cause le mouvement centripète du globe vers cette latitude. Tout le monde convient de cet effet.

Une sphère qui tourne sur son axe, augmente son équateur aux dépens de ses pôles, quand la matière qui la compose est susceptible d'un nouvel arrangement dans ses parties.

Conséquemment, ce n'est pas le flux qui se répand vers les pôles, qui se fait sentir à la baie d'Hudson et à la rivière de Cook, et même sur les côtes de la Nouvelle-Zélande; mais bien les eaux qui sortent des pôles, attirées par le mouvement de l'Équateur, qui, rencontrant celles qui viennent des zones tempérées, s'élèvent au-dessus de leur niveau naturel et empêchent que le flux ne soit sensible. Le mælstrom qui se trouve sur les côtes de la Norwège, par le 68e degré de latitude Nord, prouve assez bien ce conflit des eaux par son mouvement périodique, dirigé tantôt du Nord au Midi, et tantôt du Midi au Nord.

SIXIÈME QUESTION.

Pourquoi les marées sont-elles plus grandes, pour nous, en hiver qu'en été, généralement parlant ?

C'est parce que le Soleil est périgée, disent les Newtoniens. La réponse est courte, mais ce ne sont que des mots. Quand on vient à l'approfondir, on est étonné du résultat. La différence entre l'attraction du Soleil apogée et celle du Soleil périgée, ne va pas à un pouce; et un pouce de plus sur les mers tant méridionales qu'australes est peu de chose, et ne causera jamais la différence qui se trouve entre les marées d'hiver et celles d'été (*).

Pour moi, je réponds que l'air étant extrêmement condensé aux pôles, pendant l'hiver, comprime les eaux vers le fond de leur bassin; et, comme vers l'équateur, l'air est plus raréfié par l'action du Soleil dans cette région, elles s'y portent en plus grande abondance et forment conséquemment pour nous, des marées plus considérables. Cet effet des rayons solaires sur les mers, est sensible. La plus simple expérience peut le démontrer. Par conséquent, comme le Soleil est dans notre hémisphère pendant l'été, l'air moins condensé ne produit pas le même effet, ainsi les marées doivent s'en ressentir. Je n'ose affirmer la même chose du flux vers le pôle antarctique, parce que les mers y sont plus ouvertes et qu'elles communiquent entre elles plus librement que vers notre pôle.

(*) La différence reconnue entre la distance du Soleil apogée et périgée n'est que de 374 diamètres de la Terre, qui ne produisent pas un pouce de plus, dans l'élévation des eaux de la mer, sous l'Équateur terrestre.

SEPTIÈME QUESTION.

Pourquoi pendant l'été les marées sont-elles un peu plus fortes le soir que le matin , dans les nouvelles et pleines Lunes d'été ?

Voici la raison physique qu'en donne le P. Paulian : c'est que la Terre, dit-il, est plus éloignée pendant l'été du Soleil que pendant l'hiver. Elle s'approche de plus en plus du Soleil et de l'Équateur depuis le mois de juin , jusqu'au mois de décembre ; donc le flux doit aller toujours en augmentant et conséquemment être plus grand le soir que le matin.

Ceci dépend du moment où le solstice arrive ; au reste on a vu plus haut de combien les marées doivent augmenter.

Pour moi, je dis que c'est parce que l'air atmosphérique a moins de ressort le jour que la nuit. Le Soleil, ayant raréfié l'air, par sa présence pendant le jour , dans la zone Torride , fait que les eaux attirées par le mouvement de l'équateur, s'y rassemblent plus librement et se rejettent avec plus d'abondance sur nos côtes. C'est toujours l'action physique des rayons du Soleil sur l'atmosphère qui cause ces inégalités de marées du matin au soir et du soir au matin.

HUITIÈME QUESTION.

Pourquoi les marées ne sont-elles point uniformes dans leur élévation, sous les mêmes parallèles, et qu'elles semblent même augmenter, plus on s'éloigne de l'Équateur ?

Sur les côtes de l'Afrique, elles varient depuis deux pieds jusqu'à dix et douze.

Sur celles de l'Europe, depuis sept pieds jusqu'à 80.

Sur celles de l'Asie, depuis 7 jusqu'à 25 et 30.

Dans la grande et vaste mer du Sud, depuis 1 jusqu'à 8.

Sur les rivages de l'Amérique tant septentrionale que méridionale, tant orientale qu'occidentale, depuis trois pieds jusqu'à trente.

Dans la baie d'Hudson, elles vont jusqu'à 16 pieds.

Au fond du golfe du Mexique, à La Vera Crux, de quatre à cinq pieds.

Au cap Français, à trois pieds; au lieu qu'à l'embouchure du fleuve des Amazones, elles montent jusqu'à 30 pieds; à la rivière de Cook, vers le détroit de Béering, à 20 pieds, tandis que sur les côtes de l'Amérique occidentalc, elles ne passent pas 10 à 11 pieds de hauteur.

Cette question regarderait MM. les partisans de l'attraction aussi bien que moi, mais je ne sais par quelle économie de tems, ils n'en ont point voulu parler; ils ont considéré le flux des mers en général, sans entrer dans le détail. Cependant, s'ils avaient voulu y entrer, ils m'auraient prévenu sans doute.

Je réponds que, dans les baies et les golfes un peu profonds, les eaux ne pouvant se mettre en équilibre avec le reste des mers, à cause de la force qui les pousse, doivent nécessairement s'y accumuler et s'y élever plus haut qu'en pleine mer, selon que leur entrée est plus ou moins directement tournée vers la Ligne.

En effet, la puissance qui les chasse devant elle continuellement, les empêche de refluer librement vers leur entrée, et par conséquent elles doivent s'élever inégalement selon leur profondeur, leur direction, leur position entre les deux forces centrifuge et centripète du globe, leur éloignement du grand cercle de l'Équateur terrestre et leur communication plus ou moins libre avec les mers. Ainsi au fond de la baie de Fundi, elles peuvent s'élever jusqu'à 70 pieds, tandis que dans celle S.-Laurent, qui en est voisine, elles ne passeront pas 7 à 8 pieds. L'entrée de la baie de Fundi étant tournée vers la Ligne, le mouvement centrifuge de la Terre y pousse les eaux sans détour et les y consigne puissamment, au lieu que la baie de S.-Laurent a une autre direction, et que les eaux qui s'y rassemblent ont une issue par le détroit de Belle-Ile, pour reprendre leur niveau. Dans les mers libres, elles trouvent toujours par où fuir pour se soustraire à la force qui les chasse devant elle, et voilà pourquoi elles ne s'élèvent pas d'une manière si disproportionnée.

Si le flux est plus grand sur les côtes de l'Europe que sur celles de l'Afrique, la raison en est simple : c'est que les eaux de notre Océan n'ont pas la même issue, vers le pôle arctique que vers le pôle antarctique. Du côté du Midi, elles se réunissent aisément à celles de la mer du Sud, tandis que vers le Nord, elles ne le peuvent faute de communication, au moins libre et ouverte. D'ailleurs elles sont rejetées sur nos côtes en plus grande abondance que sur les côtes de l'Afrique, puisque l'Océan y est plus spacieux qu'entre les tropiques, et que ses eaux s'y trouvent rejetées par le défaut d'équilibre; au lieu que sur les côtes d'Afrique, vers l'embouchure du Sénégal, elles ne sont portées que par leur réaction et qu'elles peuvent se confondre librement avec les eaux des mers du Cap.

Quant à l'Asie, les marées doivent être plus considérables dans les golfes du Bengale, de Siam et même au fond de la mer des Indes, à cause de la direction de leurs entrées, que sur les côtes de l'Amérique.

En général l'inégalité des marées ne vient que de causes étrangères, comme de la projection des caps, du gisement des terres, de la profondeur des golfes et de la direction de leur entrée.

Si l'attraction était le ressort des marées, ces inégalités dans l'élévation des eaux, ne pourraient avoir lieu, parce que les eaux ne pourraient être chassées avec une force proportionnée à ces différents phénomènes. Une colonne d'eau de 12 pieds de hauteur, en s'affaissant doucement sur elle-même, ne peut causer à 1700 lieues loin d'elle des ondulations de 20, 16, et même de 70 et 80 pieds d'élévation, comme il arrive dans nos climats. Que l'on calcule tant qu'on voudra, jamais les équations les plus compliquées ne pourront égaler dans tout ceci l'effet à la cause.

NEUVIÈME QUESTION.

Pourquoi au fond du golfe du Mexique, les marées sont-elles si peu sensibles?

Il faut s'imaginer que, lorsque les eaux de ce golfe se disposent à obéir à leur réaction, elles sont presque aussitôt refoulées au fond de leur bassin, à cause de sa position unique et singulière, par celles qui viennent de la zone Torride et du pôle arctique, et qui, passant par les Antilles, maintiennent les eaux de ce golfe dans une élévation constante.

Ce golfe, dira-t-on peut-être, n'est pas sous l'Equateur! Je le sais. Mais sa profondeur, sa position, la disposition des côtes de l'Amérique dans la zone Torride, lui causent une surabondance d'eaux, dont il ne se décharge que difficilement, à cause des Antilles et des Lucayes qui en masquent l'entrée.

DIXIÈME ET DERNIÈRE QUESTION.

Pourquoi enfin la Lune dans sa plénitude, ou à sa naissance, a-t-elle plus d'influence sur les marées que dans ses quadratures?

J'ai déjà répondu à cette question, et par surabondance j'ajoute que la plénitude de la

Lune n'est ici à mes yeux qu'un terme vulgaire qui n'exprime que son éclat. Ses phases ne sont que des époques dont on se sert pour marquer le tems et le changement de température : elle n'a été créée que pour nous dédommager de l'absence du Soleil pendant la nuit. Voilà, je crois, tout son office. Le reste dépend de la température qui tient à d'autres causes qu'à ses phases. Elle est trop peu volumineuse, trop éloignée de nous pour se mêler de nos affaires. Son éclat ne peut rien, puisqu'il ne produit pas le moindre effet sur le thermomètre, et son volume ne peut le disputer au nôtre. Que nous puissions lui commander, je ne le conteste pas; mais, qu'elle veuille faire la maîtresse chez nous, y faire la pluie et le beau tems, nous donner des fruits à son gré, régler nos moissons, nous inonder à sa volonté, transporter nos mers d'un méridien sous l'autre, vouloir nous les enlever, nous bloquer dans nos ports et ne nous permettre d'en sortir que selon ses caprices, nous ne devons pas le lui permettre : elle n'est que notre servante. Ce n'est pas aux petits à commander, elle en a assez de se défendre de notre autorité. Ainsi, soit qu'elle se trouve en opposition ou en conjonction avec l'astre du jour, son attraction doit toujours être la même. Son action sur les eaux doit être constante, perpétuelle et uniforme, puisqu'elle ne change ni de volume ni de masse, en changeant de position à l'égard du Soleil. Par conséquent grandes mers, lorsqu'elle est en conjonction avec le Soleil; petites mers, lorsqu'elle est en opposition, parce que leurs influences sont opposées; mers croissantes de la nouvelle à la pleine lune, et mers décroissantes de la pleine à la nouvelle lune. Si cet arrangement ne lui plaît pas, j'en suis fâché, je ne puis lui en accorder davantage. Et avec cela on ne pourrait pas encore expliquer toutes les irrégularités des marées.

Telle est l'idée que je me suis faite des causes du flux et du reflux. Le Soleil, par son action physique sur l'atmosphère; la Terre, par son mouvement diurne: l'air, par son ressort naturel; les sinus des rivages maritimes, l'étendue des mers, la profondeur des golfes, etc.; tout concourt à ce phénomène singulier, chacun en sa manière. Le plus grand nombre des effets de la nature, ont des causes compliquées; et, pour peu qu'on réfléchisse, on s'aperçoit même que les causes et

les effets agissent et réagissent l'un sur l'autre,
tour-à-tour. Le feu agit sur l'air et l'air sur le
feu. Combien de circonstances sont nécessaires pour la production d'une simple plante!

En terminant cette dissertation, je m'a-
perçois qu'on peut me faire beaucoup d'ob-
jections auxquelles néanmoins je ne m'oblige
pas de répondre, parce que je ne connais ni
art ni science, sur quoi on ne puisse faire des
questions interminables. Cependant pour satisfaire à l'envie du lecteur, si le hasard m'en
procure, je vais m'en faire à moi-même, pour
répandre encore un plus grand jour sur mes
idées.

PREMIÈRE DIFFICULTÉ.

Si les eaux se jouent entre les rivages opposés, comme on le suppose ici, le golfe du
Mexique, dira-t-on, devrait avoir des marées
plus sensibles que sur le reste des côtes.

Sa position ne lui donne pas ce privilége,
il n'a le flux que par communication, n'étant
pas entre les tropiques, et comme l'Amérique
fait un coude à l'embouchure du fleuve des
Amazones, cela fait que les eaux que la mer
des Indes envoie dans notre Océan s'y sont

trouvées rejetées en partie et y sont consignées par l'affluence de celles qui y arrivent
continuellement, de manière qu'elles ne peuvent guère varier en élévation ; *videsuprà*.

SECONDE DIFFICULTÉ.

Si le flux vient du mouvement de la Terre,
il doit être continuel, et les eaux ne doivent
jamais se reposer.

Leur repos ne peut être que local et momentané. Je compare le flux à un torrent rapide, qui va se perdre dans un bassin spacieux ;
et le reflux, au remous qui arrive, lorsque
les eaux vont frapper son extrémité. A peine
un flot est-il passé, que l'autre lui succède. Si
le lieu était plus vaste, et que le remous, en
circulant, pût entretenir la rapidité du torrent, on verrait en petit ce que la mer nous
offre en grand. Aussi est-il pleine et basse mer
presque en même tems, sous le même parallèle. Par exemple, il est pleine mer aux Antilles à 7 heures, et à l'embouchure du Sénégal à dix heures et demie. La mer est donc
basse aux Antilles quand elle est pleine sur
les côtes opposées de l'Afrique. Mais cette

succession de marées ne peut avoir lieu que dans l'hypothèse actuelle, et non dans le système de l'attraction où la Lune exerce tout à la fois son empire sur les eaux. Au lieu que dans la cause à laquelle j'attribue le phénomène du flux, c'est une suite d'énormes ondulations qui se succèdent sans autre interruption que le tems qu'il faut à une ondulation pour suivre l'autre. On verra ci-après la justesse et la vérité de cette assertion.

TROISIÈME DIFFICULTÉ.

On conçoit aisément dans le système de l'attraction pourquoi la mer Caspienne n'a pas de flux; mais il n'en est pas de même dans le vôtre, me dira-t-on. Une masse d'eau qui a 250 lieues du Sud au Nord, et environ 120 de l'Est à l'Ouest, paraît être assez considérable, tout calculé, pour être sensible au mouvement du globe.

Si cette mer avait en largeur ce qu'elle a en longueur, je serais surpris si elle n'éprouvait pas quelque changement dans le niveau de ses eaux, et si elle était placée dans le voisinage des tropiques; mais, étant à près de 1000 lieues de la Ligne, et n'ayant que 120 lieues environ d'Orient en Occident, ses marées, si elle en a, ne pourraient être que de quelques lignes ; et ce mouvement est trop peu de chose, pour qu'on y ait fait attention à ma connaissance.

La mer Noire étant sous le même parallèle, et n'offrant que la douzième partie de la surface de la mer Caspienne, ne peut servir d'objection.

QUATRIÈME DIFFICULTÉ,

Pourquoi les marées sont-elles plus grandes vers le Nord que vers le Sud, dans notre Océan, et que dans les autres mers ceci n'a point lieu ?

La difficulté a été déjà aplanie dans ce qui précède ; mais, pour ne point renvoyer à ce qui a été dit sur cet article, je réponds que c'est parce que notre Océan n'a point de communication aussi libre et aussi ouverte avec la grande mer Septentrionale, vers le pôle arctique, qu'il en a avec la mer du Sud, vers le pôle antarctique ; et que ses eaux attirées par le mouvement centrifuge de l'Équateur le long des rivages orientaux de l'Amérique Septentrionale, rencontrent, dans leur déplacement, celles qui refluent de la Ligne ou des tropiques vers le pôle, pour se mettre en équilibre; ce qui les élève et les tient élevées à une hauteur bien plus grande que vers le Sud, où la communication avec la mer Pacifique est sans obstacle, et occasionne des marées d'une élévation qui surpasse tout ce que l'on voit dans les autres mers.

CINQUIÈME DIFFICULTÉ.

Que deviennent toutes ces eaux qui se portent vers le pôle arctique, et qui entrent sans cesse dans l'Océan par le cap de Bonne-Espérance, dans votre système?

Elles retournent se perdre dans la mer du Sud par le cap de Horn, le long des côtes orientales de l'Amérique méridionale; tandis que celles qui doublent le cap de Bonne-Espérance, venant de la mer des Indes, montent vers l'Équateur par des courans qui se dirigent vers l'Ouest par rapport au mouvement de la Terre en sens contraire et à la résistance de l'atmosphère (4e principe), et se trouvent rejetées sur les côtes de l'Afrique, d'où elles se divisent pour reprendre leur équilibre, moitié vers le Nord, moitié vers le Sud.

Mais, dira-t-on, voilà deux courans opposés; l'un porte les eaux de la Ligne vers le Sud, et l'autre du Sud vers la Ligne, c'est le même mouvement des eaux vers notre pôle, mais ce phénomène n'est pas rare sur les mers. Tous les marins en font foi. Au reste, il ne m'est pas donné de suivre tous ces mouvemens des eaux à point nommé; il suffit que la probabilité soit pour moi, et qu'il soit vraisemblable que les choses se passent ainsi. Je suis forcé d'avouer qu'il ne m'est point tombé dans les mains d'observations suffisantes pour satisfaire même ma curiosité sur cet article. Mais ce qui me console, c'est que MM. les Newtoniens ne sont pas plus heureux que moi; au contraire, ils n'ont pas suivi leur système comme j'ai suivi le mien : jamais ils n'ont pu rendre compte des courans que l'on rencontre sous toute latitude, qu'en imaginant que c'étaient des fleuves souterrains qui continuent leur cours sous les eaux pendant quelque tems, malgré l'opposition qu'ils rencontrent dans l'inertie des mers; au lieu que dans l'hypothèse que je décris, ils sont la cause immédiate du flux, en même tems qu'ils en sont la conséquence naturelle.

SIXIÈME DIFFICULTÉ.

Si les eaux sont renvoyées d'un rivage sur l'autre, il y a donc alternative de flux entre les deux mondes, c'est-à-dire l'Amérique et l'Europe?

A mesure que les eaux se portent vers l'Orient des continens, celles des mers des deux pôles les remplacent aussitôt par leur Occident, en vertu des lois de l'équilibre, de sorte que les marées pourraient arriver à-peu-près au même tems dans les ports des deux mondes; mais il n'en est pas ainsi : les marées se promènent d'un parallèle à l'autre sur les côtes, et se succèdent sans interruption par rapport aux retards qu'elles éprouvent d'après les localités.

J'en dis à-peu-près autant des mers de l'Asie, comparées avec la mer Atlantique, et considérées dans leurs bassins. Elles ne s'accordent ni entre elles, ni avec nous. Il y a une différence marquée entre les marées ou flux de la mer du Sud et celles de la mer Atlantique.

De ce que les eaux se balancent, comme je le dis, il ne s'ensuit pas qu'au milieu des grandes mers le flux soit sensible. La réaction des eaux se trouve amortie par l'action directe qui

les porte continuellement vers l'Orient des
continens, et il n'y a que sur les rivages où il
doit se faire sentir, parce que la résistance que
les eaux y éprouvent les y accumule nécessairement.

SEPTIÈME DIFFICULTÉ.

Puisque vous attribuez le mouvement des
eaux à celui de la Terre, peut-il y avoir deux
flux en 24 heures 48 minutes comme il le
faut?

Le flux, répondent les partisans de l'attraction, dépend du passage de la Lune par le
méridien. Or, cette planète passe une fois en
24 heures par ce cercle, donc elle doit élever
deux fois les eaux de l'Océan. La première,
sous le méridien où elle se trouve actuellement, et la seconde, sous la partie antipode
du méridien où elle n'est pas; car l'attraction
la plus forte, disent-ils, se fait par une ligne
perpendiculaire du corps attiré au corps attirant. Donc les eaux doivent être attirées plus
fortement, lorsque la Lune passe par notre
méridien que par tout autre (*), et comme elle

(*) Pourquoi faut-il que la Lune passe par notre méridien
pour élever les eaux? Tous les méridiens qui passent sur les

8

cherche alors à enlever le centre de la Terre aux eaux antipodes, ces dernières abandonnées de leur centre, doivent se porter vers l'extrémité du rayon et se répandre en forme de flux, dans l'hémisphère opposé. Si le P. Paulian, qui attribue cette réponse aux partisans de l'attraction, s'entendait ici, il avait bien du bonheur: car pour moi, je n'y entends rien.

L'attraction se fait en ligne directe et per-

---

mers n'ont-ils pas le même privilége? C'est parce que la Lune, dit-on, est alors perpendiculaire au centre de la Terre. Eh! quel est le point sur une circonférence, qui ne le soit pas au centre? Conséquemment, la Lune devrait élever les eaux également sous chaque méridien, se faire suivre de cette élévation d'eau, de méridien en méridien, et ne lâcher prise que lorsqu'elle serait arrivée au méridien qui passe sur les terres de l'Amérique, comme une goutte d'eau autour de laquelle on en promène une autre. Mais le flux serait bien différemment réglé.

Ainsi, je ne sais pourquoi le système de l'attraction a trouvé tant d'admirateurs: pour peu qu'on l'examine de près, on ne le trouve fondé que sur des mots scientifiques. Quand on vient à faire l'application des principes sur lesquels on veut l'appuyer, on se trouve déchu de ses espérances. Si on réussit sur un article, il y en a vingt sur lesquels on échoue, quand on ne se borne pas à de simples aperçus. Je ne sais de quel œil on verra mon travail, mais il me semble qu'il n'a point les mêmes défauts. Je n'ai évité aucune difficulté, et j'ai cherché à y satisfaire sans subterfuge. Ai-je réussi? voilà sur quoi il m'est défendu de prononcer. C'est au public à juger.

pendiculaire du corps attiré au corps attirant.
Par conséquent, il ne doit y avoir qu'un flux,
ou plutôt il doit y en avoir autant qu'il y a
de méridiens sur la surface des mers, car chaque méridien est perpendiculaire au centre
de la Terre et aucun d'eux n'est plus privilégié
que l'autre. La Lune doit donc élever les eaux
également sous tous les méridiens, et les tenir
dans une élévation stable tant que dure son
passage sur les mers.

Quand on dit que la Lune cherche à enlever le centre de la Terre aux eaux antipodes,
je ne sais si l'on peut le concevoir. Chaque
globe est consigné au centre de son tourbillon,
par la loi de l'ordre universel que Dieu a établi dans l'univers, et tout ce qui compose
chaque globe est soumis à la même loi, par
rapport à son centre; autrement, il n'y aurait
que confusion dans la nature. Ainsi, si le centre
de la Terre est attiré, les eaux qui en font
partie le sont aussi. Je ne conçois pas vers
quel point du Ciel elles peuvent tendre, au
mépris de leur centre. Il ne peut donc y avoir
de flux sous la partie du méridien où la Lune
n'est pas.

Maintenant répondons à notre décharge.
C'est que le mouvement de la Terre porte deux

fois sensiblement les eaux des mers sur les côtes orientales des continens, et qu'en cher-chant à reprendre leur équilibre, elles se re-versent autant de fois sur les côtes op-posées.

Tandis que les eaux s'accumulent sur les côtes orientales de l'Amérique, la même puis-sance les porte sur les côtes orientales de la Chine, de la Nouvelle-Guinée, de la Nouvelle-Hollande; sur celles de la Cafrerie et du Zan-guebar, à-peu-près dans le même tems. Je dis à-peu-près dans le même tems, car je suis persuadé qu'il n'y a pas même espace de tems entre les marées de l'Asie et celles d'Europe, à cause de l'étendue de la mer Pacifique.

En effet dans la rivière de Ménan, les marées, dit l'*Histoire moderne*, tom. 3ᵉ, sont si fortes qu'elles remontent jusqu'à Siam, et se font même sentir jusqu'à Louvo qui est à trente lieues de la mer. Elles croissent pendant 12 heures, et mettent le même tems à se retirer en toute saison. Il n'y a qu'un flux et un reflux en 24 heures. C'est peut-être en partie cette diffé-rence de tems périodique qui contribue à la vicissitude des grandes et moyennes marées dans notre Océan, et qui peut les faire retar-der de quelques minutes. Il y a donc deux flux en même tems et très-naturellement dans mon hypothèse, l'un sous notre méridien et l'autre sous sa partie opposée. La Terre alors peut avoir fait la moitié de sa révolution, et pendant qu'elle achève de la compléter, le même jeu se répète et le second flux pour chaque hémisphère se termine. Rien n'est donc plus naturel que deux flux en 24 heures dans le système que j'expose.

Si à toutes les raisons précédemment exposées on ajoute les considérations qui naissent des courans qui sont répandus dans toutes les mers, je m'imagine qu'on aura une démonstration complète de la cause des révolutions périodiques de la mer et de l'Océan.

Pour mettre le lecteur à portée de vérifier ce que j'ai dit sur les marées, je vais donner la table de l'établissement et de la hauteur du flux dans les différens ports des continens. Elle est tirée de celle de M. Dulague, professeur d'hydrographie à Rouen, membre de l'Académie des sciences, belles-lettres et arts de la même ville.

TABLE

De l'Heure et de la Hauteur des Marées sur les Côtes Maritimes des deux Continens, les jours des Nouvelles et Pleines Lunes.

NOMS DES LIEUX.	Heures.		haut.
ESPAGNE ET PORTUGAL.	h.	m.	pieds
A Gibraltar	12	»	»
A Lagos et au cap S.-Vincent .	3	»	»
A Lisbonne	4	»	»
Au Férol, Vivère, S.-Andero et Bilbao	3	45	15
FRANCE.			
A La Rochelle et Chef de Bois .	3	45	»
A l'île Dieu	3	»	»
Dans la baie de Brest . . .	3	30	»
A Calais	11	45	»
FLANDRE.			
A Dunkerque	12	»	»
ALLEMAGNE.			
Sur toutes les côtes	12	»	15

NOMS DES LIEUX.	Heures.		haut.
	h.	m.	pieds
DANEMARCK.			
A l'île d'Anholt, mer de Dane-			
marck	12	»	»
Dans le canal de Sylt	12	15	»
Au cap Nord	3	44	»
ANGLETERRE.			
A Barwick	3	45	18
A Yarmouth	10	30	»
A Douvres	11	45	16
Aux Sorlingues	4	30	20
Aux îles Féro	12	»	»
Aux Orcades	2	45	»
AFRIQUE.			
Au cap Bojador	12	»	»
Au cap Blanc	9	45	»
A l'entrée du Sénégal . . .	10	30	»
Au cap de Bonne-Espérance. .	2	»	»
ASIE.			
A l'entrée de la mer Rouge, Aden.	6	»	3
Au détroit de l'Endeavour . .	1	30	12
Aux Moluques	»	»	3

NOMS DES LIEUX.	Heures.		haut.
MER DU SUD.	h.	m.	pieds
A la Nouvelle-Zélande . . .	9	»	5
A Otaïti	12	»	1
AMÉRIQUE.			
A l'entrée du détroit d'Hudson	9	»	16
Aux îles Salvages	11	10	»
Au port des Trépassés . . .	6	30	»
A la baie de Fundi	12	45	70
A Carthagène	2	10	10
A l'embouchure du fleuve des Amazones	7	»	30
Au port Desiré	4	15	25
Aux îles Malouines.	5	»	7
Au canal de Noël.	2	30	3
A l'île Chiloé	12	30	32
A Calao près de Lima . . .	6	30	2
Au port de Guayaquil . . .	6	30	8
A Panama.	5	»	6

Je termine ici cette table, parce qu'un plus grand détail est absolument inutile à mon dessein ; il suffit qu'on puisse voir en l'étudiant que les marées sont liées, c'est-à-dire, que sous le même méridien il est pleine et basse mer en même tems. Par exemple, sur les côtes occidentales de l'Amérique méridionale, il est pleine mer à l'île de Chiloé à 12 heures 3o minutes, et à Panama qui est presque sous le même méridien à 5 heures, quoique dans cette partie l'Amérique soit presque tirée au cordeau, et qu'elles n'arrivent point non plus sous le même parallèle, dans les mers ouvertes, au même instant du Midi au Nord, dans notre Océan ; tandis que dans les ports intermédiaires, elles ne font que commencer à monter ou à descendre. Phénomène singulier qui tient à d'autres causes qu'à celles de l'attraction. Une colonne d'eau de 12 pieds d'élévation, qui n'est point détachée des mers, ne peut, je crois, en s'affaissant sur elle-même, produire cet effet. Les ondulations qu'elle occasionnerait, supposé qu'elle en fît naître, seraient toujours chassées en avant, et ne pourraient s'étendre du Midi au Nord jusqu'au détroit d'Hudson ou à la rivière de Cook, et y élever les eaux, malgré la distance qu'il y a entre la Ligne et ces deux endroits, et les obstacles de tout genre qui s'y rencontrent, jusqu'à 16 et 20 pieds ; pendant que dans l'espace intermédiaire, elles s'élèvent à bien moins de hauteur et qu'elles arrivent presque à toute heure.

Il en est de même des autres parties du monde; il est pleine mer à la même heure à des distances considérables; au canal de Sylt, en Danemarck, comme au canal de Noël à deux heures et quart près, ce qui n'est pas suffisant pour la distance qu'il y a entre un lieu et l'autre, eu égard au mouvement des eaux; à Dunkerque comme au cap Bojador; à Carthagène comme au canal de Noël, près la terre de Feu; à l'île des Tortues comme à l'île de Terre-Neuve, etc.

Dans le système que j'expose, tout cela n'est point étonnant. La force qui déplace les eaux subsiste toujours, soit sous l'Équateur ou sous les cercles polaires. Les eaux sont continuellement attirées entre les tropiques et reportées vers les pôles par leur réaction; et par ce mécanisme entretiennent les mers dans un mouvement perpétuel, tantôt basses et tantôt pleines sous le même parallèle, pour peu que les mers soient étendues, parce que les eaux, pour obéir aux forces qui les commandent, peuvent se mouvoir aisément sans se rencontrer, une partie se portant sur un rivage, tandis que l'autre partie se porte sur l'autre, et par ce jeu établissent les marées dans les ports des peuples maritimes à heure différente.

Il n'est pas plus difficile d'expliquer l'inégalité des marées sous tous les parallèles. Il ne
faut que faire attention à la force centrifuge
de la Terre, au gisement des terres, à la profondeur des golfes et des baies, à la direction
de leur entrée, à l'issue que peuvent avoir les
eaux pour en sortir et se remettre en équilibre, aux communications que les mers ont
les unes avec les autres pour découvrir la raison pourquoi elles s'élèvent ici plus que là,
dans les ports des deux continens.

Ainsi on jugera facilement que les marées
doivent être plus grandes vers le Nord de notre
Océan que vers le Sud, parce que ses communications avec la mer Pacifique ne sont pas
aussi libres vers le Septentrion que vers le
Midi, où il se confond avec cette mer par des
espaces immenses; qu'elles doivent être bien
plus grandes sur les côtes orientales des continens que sur les côtes occidentales. Aussi s'élè-
vent-elles, à l'embouchure du fleuve des Amazones, jusqu'à 3o pieds, tandis qu'à Calao, à
Lima, à Panama, elles ne montent pas au-dessus de 6 pieds; plus fortes au fond du golfe
du Bengale, de Siam, que sur les côtes septentrionales de la Nouvelle-Guinée et de la Nouvelle-Hollande.

Comme je terminais cette dissertation, il m'est tombé dans les mains un ouvrage en réputation, où l'on traite la matière dont je parle dans un chapitre de questions relatives à celle du flux et du reflux de la mer. Ébloui du calcul algébrique dont il est rempli, effrayé de la subtilité des questions qu'on s'y propose et qu'on y résout, je me suis imaginé d'abord que j'avais perdu ma peine et mon tems.

Néanmoins, après avoir lu ce chapitre tout hérissé d'algèbre, d'équations compliquées et rempli de questions les plus élevées, je me suis aperçu qu'on procédait de suppositions en suppositions, et j'ai repris un peu courage.

Pour moi, je n'ai rien supposé, j'ai pris les choses dans l'état où elles sont. J'ai examiné la conformation de la Terre et des mers, la direction des caps dans les deux hémisphères, l'irrégularité du mouvement périodique des eaux, l'existence des courans et leur marche sous différens méridiens et différens parallèles ; après quoi j'ai raisonné d'après les principes que j'ai établis et les données que j'avais observées dans le cours de la nature, et je crois pouvoir penser que mes conséquences sont justes.

Quand on réfléchit sur le travail de ces savans, on s'aperçoit bientôt qu'ils n'ont traité la question qu'à moitié et qu'ils ne l'ont envisagée que sous un aspect. Ils n'ont pas fait attention aux courans qui sont une conséquence évidente du flux et qui sont étroitement liés. Leurs longs et savans calculs se bornent à savoir à combien les eaux peuvent s'élever sous les regards du Soleil et de la Lune. Il me semble qu'ils auraient pu également calculer jusqu'à quelle profondeur l'influence de ces astres peut troubler l'inertie des eaux, et peut-être auraient-ils pu découvrir avec quelle force un courant se porte à l'Est ou à l'Ouest, et deviner sous quels méridiens ou sous quels parallèles il peut s'en trouver.

Comme je regarde que les courans ont la même cause que le flux et le reflux, je vais ajouter une dissertation sur ce sujet : elle doit servir à compléter ma démonstration sur la cause du flux et du reflux, et à développer encore mes pensées sur ces phénomènes.

Ils tiennent si étroitement l'un à l'autre, qu'on peut dire sans crainte d'erreur, qu'il n'y aurait pas de courans s'il n'y avait pas de flux, ni de flux s'il n'y avait pas de courans, ceci est palpable dans l'hypothèse que je décris ; ce qui doit la distinguer de toutes les autres, où l'on ne s'est occupé que d'un objet, sans pouvoir deviner la cause de l'autre. Cette liaison me semble seule une preuve démonstrative de la solidité de mes idées. Les mers sont dans une agitation perpétuelle et elles doivent y être, d'après mes aperçus sur la cause de leur mouvement. Partout il y a des courans, tantôt lents et tantôt rapides : car quelque calme qu'il fasse sur les mers, on s'aperçoit toujours qu'on a dévié de sa route en réitérant les observations que l'on a faites pour reconnaître sa hauteur. Dans le voisinage des côtes, ils sont plus rapides, parce que les eaux y sont portées avec plus de violence. Au cap de Bonne-Espérance, il faut quelquefois attendre long-tems, avant de pouvoir le doubler avec facilité, pour entrer dans la mer des Indes.

DISSERTATION

SUR LA VÉRITABLE CAUSE

DES COURANS

QUI SE TROUVENT DANS LES MERS,

SOUS TOUTES LES LATITUDES.

Le système que je viens d'exposer est d'autant plus fondé et plus vraisemblable qu'il lie la cause des courans à celle des marées. Jusqu'ici, on n'a fait que le soupçonner; mais je crois en avoir acquis la conviction. Si ma première hypothèse est vraie, la seconde l'est aussi.

Rien n'a donc été moins connu que la cause des courans : car prétendre, comme M. Pluche, entre autres, que ce sont des fleuves souterrains qui conservent leur cours, sous les eaux des mers, sans se confondre avec elles, et sans diminuer presque de rapidité malgré les obstacles multipliés et toujours

renaissans qu'ils rencontrent sur leur passage, et que l'inertie des eaux leur oppose ,
quoique l'on voie le contraire à la jonction
des fleuves et des rivières, où le courant le
plus faible cède à l'impulsion du plus fort,
c'est imaginer une cause au lieu de la deviner
ou de la découvrir.

En effet, d'où viendraient-ils ces fleuves ?
par quel ressort conserveraient-ils leur cours
au milieu des mers ? par quel mécanisme cou -
leraient-ils tantôt selon une direction et tantôt selon l'autre ? Je ne prétends pas pour cela
qu'il n'y ait point quelque source au fond
des mers, dans le voisinage des montagnes ;
on en voit bien au fond des étangs d'eau vive.
Mais il y a une grande différence entre une
source semblable et les courans que l'on observe sous certains méridiens ou parallèles,
dans les abîmes de l'Océan , éloigné de toutes
terres. Ainsi on peut conclure sans craindre
d'erreur, que les courans ne sont point des
fleuves qui sortent du sein de la Terre et qui
sillonnent les mers. Quelle est donc leur
véritable origine? est-il au pouvoir de l'homme
de la trouver ?

Si je m'étais proposé de la découvrir, j'a-
voue sans peine que j'eusse travaillé en vain :

j'eusse fait comme mes prédécesseurs dans cette recherche ; j'eusse donné les illusions d'une imagination active, pour des vérités démontrées. Mais un hasard m'a fait naître des idées sur la vraie cause du flux et du reflux , et par des conséquences qui me paraissent légitimes, j'ai fait l'application des mêmes principes au phénomène en question.

Pour bien comprendre ce que je me propose de dire sur cet article, il faut se rappeler quelques principes que j'ai posés ci-devant, aussi bien que quelques données qui regardent le bassin des mers.

Ces principes sont : 1°, que la Terre a un mouvement sensible sur son axe, d'Occident en Orient, comme personne n'en doute aujourd'hui.

2°, Que ce mouvement imprime aux eaux de la mer une commotion qui les agite sensiblement à leur surface et jusqu'à une certaine profondeur, qu'on pourrait apprécier par une progression décroissante, de sa surface, jusqu'à ses abîmes.

3° Que les eaux de l'Océan et de toutes les mers sont attirées sans repos par le mouvement centrifuge du globe vers l'Équateur, d'où elles se répandent vers les pôles, tantôt visiblement par des courans qui ont cette direction, et tantôt d'une manière invisible, par des courans cachés, pour se remettre en équilibre avec elles-mêmes.

4°, Que le mouvement de l'Équateur terrestre n'affecte pas seulement la surface des mers, mais qu'il en agite la masse, au moins jusqu'à certaine profondeur, non-seulement à cause de leur divisibilité qui est incompréhensible, mais encore à cause de la mobilité qui leur est aussi essentielle. Une pierre jetée dans l'eau occasionne des ondulations qui augmentent à proportion qu'elles s'éloignent du centre de percussion et finissent nécessairement par s'effacer.

Les données sont : 1°, Que le fond des mers n'est pas uni comme celui d'un réservoir que l'on a préparé pour recevoir ou retenir les eaux ; mais qu'il est hérissé de montagnes, de collines plus ou moins élevées, de rochers plus ou moins escarpés, de précipices plus ou moins profonds, d'éboulemens plus ou moins brusques ; le tout dirigé en tous sens, selon le vœu des circonstances.

Le réservoir ayant été creusé, pour la majeure partie, par des accidens arrivés à notre globe, depuis la création, comme tremble-

mens de terre, éruptions volcaniques , ouragans, tempêtes , etc., doit nécessairement pré-
senter cette image à l'esprit. Voyez *les Époques de la Nature.*

2°, Que le Soleil, par son action physique
sur l'atmosphère, fait que les eaux se portent
plus abondamment, tantôt vers le Nord et
tantôt vers le Sud, selon le parallèle qu'il décrit entre les deux tropiques.

Ces principes et ces données rappelés à la
mémoire, entrons en matière :

Il y a des courans dans toutes les mers,
c'est-à-dire, des fleuves d'une étendue considérable qui, quoique placés près les uns des
autres, ont pourtant quelquefois différentes
directions. Ceux dont les navigateurs font par-
ticulièrement mention, se trouvent dans les
mers qu'ils ont le plus fréquentées. En général, leurs directions sont assez constantes.
Ils portent ordinairement vers le Nord et le
Nord-Est, ou vers le Sud ou Sud-Ouest, selon
la saison. Il y en a qui, après avoir couru vers
un point déterminé du monde, rebroussent
tout-à coup vers le point opposé.

Dans la Manche, dit M. Dulague dans ses
Leçons de Navigation, ils portent vers le Nord-
Est du côté de l'Ouest, et facilitent l'entrée

dans cette partie de l'Océan. Vers le détroit de Gibraltar, ils portent vers l'Est, ce qui facilite l'entrée dans la Méditerranée, et empêche souvent d'en sortir à volonté (*).

Sur les côtes de l'Afrique, par 24 degrés de latitude Nord et 2 à 4 degrés de longitude, ils portent au Sud Est.

Dans le canal Mozambique, entre le pays des Cafres et l'île de Madagascar, depuis 15 degrés de latitude Sud jusqu'à la Ligne, ils portent au Nord-Est en mai et juin.

Dans la mer des Indes, entre le détroit de Babel Mandel et la côte du Malabar, depuis 10 jusqu'à 20 degrés de latitude Nord, et 70 à 90 degrés de longitude, ils portent au Nord-Est 6 mois de l'année, et Sud-Ouest pendant les autres 6 mois.

Dans le golfe du Bengale, depuis le Nord de

(*) Je ne ferai pas remarquer ici que ces directions sont la confirmation de tout ce que j'ai avancé, sur la véritable cause du flux et du reflux. Les eaux des pôles appelées sans cesse sous l'Équateur de la manière que j'ai décrite, se reportent ensuite vers les pôles par réaction, et leur mouvement dans notre Océan doit être en effet vers le Nord ou Nord-Est, à cause de la rencontre de celles qui, venant du pôle arctique, se dirigent vers l'Équateur le long des côtes orientales de l'Amérique.

l'île de Ceylan, entre 10 et 18 degrés de latitude Nord et 100 à 110 degrés de longitude, ils portent au Nord-Est en avril jusqu'en septembre, et depuis octobre, jusqu'en juin, vers le Sud-Ouest.

Depuis le Nord-Ouest de l'île de Bornéo jusqu'aux îles Philippines, ils ont la même direction, pendant le même tems et les mêmes mois, vers le Nord-Est et vers le Sud-Ouest.

Depuis la Ligne jusqu'à 12 degrés de latitude Sud, entre 96 et 115 degrés de longitude, même marche des courans pendant les mêmes mois.

Au Nord de l'Amérique méridionale, vers 12 à 13 degrés de latitude Nord, entre 300 et 312 degrés de longitude, le long de la côte, les courans portent à l'Est un peu vers le Nord, et un peu plus loin vers l'Ouest tirant vers le Sud.

À la côte du Brésil, depuis 7 jusqu'à 25 degrés de latitude Sud, entre 335 et 343 degrés de longitude, ils portent au Sud, un peu vers l'Ouest, pendant six mois, depuis septembre jusqu'en mars, et le reste de l'année vers le Nord, un peu vers l'Est.

En général, les vents et les courans se dirigent vers l'Ouest, dans presque toute l'étendue de la zone torride, dit M. Dulague, dont j'ai tiré ce détail.

Tous les courans, sous quelque parallèle qu'ils soient, n'ont que deux directions marquées, savoir : vers le Nord-Est, ou vers le Sud-Ouest. Essayons d'en démontrer la cause ; il y en a une sans doute : car il n'est rien dans la Nature qui en soit dépourvu. Jusqu'ici, il paraît qu'elle a été inconnue, peut-être le sera-t-elle encore après moi ; mais, comme tout citoyen doit le tribut de sa vie à sa patrie, je vais essayer de payer le mien Je n'ai point consulté mes forces, je l'avoue, en me livrant à ce genre de travail ; j'ai cédé presque involontairement à une idée qui m'a subjugué. Frappé de sa nouveauté, et me figurant que j'avais fait une découverte digne de remarque, je me suis mis à écrire, sans trop réfléchir à la tâche que je m'imposais. Mais à mesure que je développais mes idées, voyant que tout cadrait avec mes aperçus, j'ai passé d'un mystère à l'autre, et du flux aux courans, qui me paraissent avoir une cause ou principe commun.

D'après l'exposé précédent, on peut dire en général que les courans portent vers le Nord ou vers le Sud, en fléchissant vers l'Est ou vers l'Ouest , selon la direction des côtes.

Les eaux, par le mouvement du globe, comme je l'ai dit, se portent sur les côtes orientales des continens, et par leur réaction, les courans doivent se diriger en sens contraire, c'est-à dire, vers l'Est des mers ou du globe. Aussi dans la Manche se dirigent-ils vers l'Est des mers, tirant vers le Nord , et cela , parce que la direction des côtes les force à cette direction. Sur les côtes de l'Afrique ils portent au Sud-Est. Voyez ci-avant ; on voit aisément que cela doit être par rapport à la situation du golfe du Mexique et au volume de ses eaux.

Dans le canal Mozambique entre la Cafrerie et l'île de Madagascar, ils courent vers le Nord-Est; pour peu que l'on considère la direction de la côte, il ne peut en être autrement : car les eaux ne peuvent pas se diriger, quelque mobiles qu'elles soient, en sens contraire aux obstacles qu'elles rencontrent.

Dans le détroit de Babel-Mandel, ils courent vers le Nord-Est pendant six mois, et le reste de l'année vers le Sud-Ouest. Rien dans cette double direction n'est encore opposé à mon hypothèse. Les eaux de la grande mer Pacifique, que l'attraction de l'Équateur terrestre attire sous son plan par son mouvement diurne, et l'action physique du Soleil sur l'atmosphère les forcent à cette direction; et, lorsqu'il repasse la Ligne, les courans doivent revenir sur eux-mêmes, parce que les eaux, trouvant moins de résistance du côté où le Soleil raréfie l'air par sa présence, que du côté opposé où l'air alors se condense de plus en plus par l'éloignement de l'astre du jour, et les comprime puissamment par son poids vers le fond de leurs bassins ; elles se portent naturellement où elles ont plus de liberté de se rassembler; la même raison a lieu pour les courans qu'on a observés dans le golfe du Bengale, depuis l'île de Borneo jusqu'aux Philippines, et ainsi de ceux que l'on a remarqués au-delà de la Ligne à 12° de latitude Sud entre 96 et 115 degrés de longitude.

Il n'est pas plus difficile de rendre compte de la direction des courans qui se trouvent sur les côtes du Brésil : ce sont toujours les mêmes raisons qu'il faudrait rapporter, et je craindrais de rebuter le lecteur : car ce n'est point par la difficulté de réussir que je m'épargne une nouvelle explication, mais pour ne point fatiguer l'imagination par un détail superflu.

Quant aux courans qui se croisent à différentes profondeurs, il n'est pas plus difficile d'en assigner la cause.

J'ai posé pour donnée que le fond des mers n'est pas dressé de niveau comme celui d'un réservoir fait de main d'homme, et qu'il y avait des montagnes, des collines, des précipices, des éboulemens de terre comme on en rencontre dans certaines contrées de la terre habitée ; ceci posé, le mouvement de la Terre, je le répète, attirant sous l'Équateur les eaux des différentes mers, leur communique nécessairement une commotion quelconque, qui va en décroissant de la surface jusqu'aux couches inférieures ; et, comme elles rencontrent dans leur déplacement différens obstacles au fond des mers qui ont différentes directions, il s'ensuit qu'elles se trouvent forcées de se diviser et sous-diviser, pour obéir à la puissance qui les agite, et à la résistance qui s'oppose en tout ou en partie à leur direction primitive. Ainsi, supposé que les couches inférieures rencontrent des obstacles moins élevés et différemment prolongés que les couches supérieures, alors se divisant pour suivre la direction qui leur est commandée, elles se porteront vers des points différens et formeront deux courans distincts, quoique placés l'un sur l'autre.

On pourrait se représenter facilement ce jeu des eaux, en plaçant au fond d'un bassin des monticules comme on s'en représente au fond des mers, puis mettant en mouvement les eaux dont il serait rempli, on verrait comme elles se divisent pour obéir à la force qui les met en mouvement, et l'on aurait une image sensible des courans de la manière dont je le conçois.

En effet, que des collines ou montagnes soient placées au fond de la mer, de manière que les moins élevées aient une direction du Midi au Nord, les secondes de l'Ouest au Nord-Est, et les troisièmes et dernières d'Orient en Occident; qu'elles soient, outre cela, situées à des distances convenables; la couche des eaux qui rencontrera le premier obstacle dans son déplacement, formera un courant du Midi au Nord, les secondes couches de l'Ouest au Nord-Est, et les troisièmes d'Orient en Occident. De sorte qu'il n'est point surprenant qu'il y ait, au rapport des marins, plusieurs courans l'un sur l'autre avec des directions opposées et différens degrés de vitesse.

D'où il faut conclure qu'encore que les courans dussent tendre directement vers l'Équateur, ou de l'Ouest à l'Est, cependant leur direction, dépendant de celles des obstacles qui s'opposent à leur marche, peut être détournée de son but principal et courir sous un autre rumb de vent, comme il est facile de se l'imaginer, sans que cette contrariété blesse en rien mon hypothèse. Ainsi le mouvement centripète du globe doit leur faire prendre une marche particulière vers les pôles.

D'où il faut conclure, avec les marins observateurs, que les courans doivent être plus rapides dans la zone torride que dans les zones tempérées, et moins forts dans ces dernières que vers les pôles.

Pour se convaincre de la justesse de ces conséquences, il ne faut que comparer entre elles les différentes parties du globe, et l'on verra dans la zone torride des désastres affreux; dans les zones tempérées moins d'éboulemens, et vers les pôles les terres ravagées par l'entreprise des eaux, preuve non équivoque que les courans n'ont pas partout un cours uniforme.

Ce qui peut embarrasser sur cet article, c'est le rebroussement des courans vers les points opposés d'où ils partent dans certaines saisons de l'année; mais si l'on se rappelle ce que j'ai dit, en parlant de l'action physique du Soleil sur l'atmosphère, l'embarras ne peut être de longue durée.

L'air étant extrêmement condensé au pôle arctique pendant que le Soleil est dans l'hémisphère méridional, doit faire refluer les eaux vers l'Équateur où l'air raréfié par la présence de cet astre radieux, oppose moins de résistance à l'accumulation des eaux sous ces parallèles; et par conséquent, les courans sur la côte de Coromandel ou dans le golfe du Bengale, doivent se diriger en sens contraire à celui qu'ils tenaient lorsque le Soleil s'avançait vers notre tropique. Telle est la cause pour laquelle ils changent de direction dans le canal Mozambique, vers le détroit de Babel-Mandel, dans le golfe du Bengale, aux Philippines, etc.

Mais si les eaux de la mer des Indes pouvaient communiquer librement, par la mer Caspienne avec la mer Blanche, je suis persuadé que les courans prendraient une autre marche et qu'ils ne reviendraient pas sur eux-mêmes. Ils se perdraient vers le Nord, ou peut-être, ce qui est plus vraisemblable, repoussés par les courans qui viendraient du Nord par la mer Blanche, ils prendraient une route mitoyenne, et se rejetteraient sur les archipels de

Siam ou des Philippines, ou sur la Nouvelle-Hollande et partout où ils trouveraient moins de résistance.

Telle est l'idée que je me suis faite des courans; les eaux des mers sont dans une perpétuelle agitation, et se promènent de méridien en méridien et de parallèle en parallèle. La cause de ce mouvement est celui de la Terre, et les marées et les courans n'en peuvent même avoir d'autres. Point de flux s'il n'y a point de courans, et point de courans s'il n'y a point de flux. Parmi ceux qui ont bâti des systèmes sur le phénomène du flux, il n'y en a pas un qui ait tiré cette conséquence. Tous ont négligé de parler des courans; les plus hardis n'ont fait que soupçonner identité de cause entre ces deux mouvemens des mers, dont l'un est perpétuel et l'autre momentané.

Si le système de l'attraction donnait le vrai principe du flux et du reflux, on pourrait rendre compte de la cause des courans. Mais comme la Lune n'est censée troubler l'inertie des eaux que pendant son passage par le méridien, il s'ensuit que les courans qui sont perpétuels et dont la marche périodique ne suit point le cours de la Lune, ne sont point son ouvrage.

On m'objectera peut-être que dans mon système, les eaux des mers devraient s'échapper par la tangente.

Elles ne s'échapperont pas plus dans mon hypothèse que dans celle de Newton, puisque la Terre n'est pas plus en repos dans une hypothèse que dans l'autre. Ainsi, si les eaux élevées ne s'échappent pas dans le système de l'attraction, elles ne s'échapperont pas non plus dans le mien. D'ailleurs le Créateur y a pourvu par la loi de l'ordre, qui consigne à perpétuité sur chaque globe les parties qui le composent. Au reste, je ne puis croire qu'on me fasse une semblable objection. Elle est trop mince pour fixer l'attention d'un homme qui sait réfléchir.

Concluons pour terminer, que les marées même ne sont que de grands courans, qui ne diffèrent des autres que parce qu'ils affectent les premières couches de l'Océan, et qui, par conséquent, embrassent plus d'étendue. Ce sont de véritables flots qui se succèdent sans interruption, parce que la cause est permanente. Mais il faut distinguer des courans de plusieurs sortes. Il y en a de perpétuels et de variables ou d'accidentels. Les premiers se rencontrent dans les grandes mers, et les se-

conds à l'embouchure des fleuves dans le tems
des marées; ceux-là sont constans et les autres
varient comme les bancs de sable qui en obstruent le cours. Je n'ai parlé que des premiers
dans cet ouvrage.

ADDITION SUPPLÉMENTAIRE

SUR

L'IRRÉGULARITÉ RÉGULIÈRE DES MARÉES.

J'ai avancé que l'irrégularité des marées ne provenait que du mouvement des eaux de toutes les mers causé par celui de la Terre. A la vérité je n'ai fait qu'indiquer la cause générale, sans entrer dans le détail; mais puisque cette indication ne suffit pas, je vais essayer de développer mes aperçus.

On distingue trois sortes de marées : les marées ordinaires qui arrivent entre la pleine et la nouvelle lune; les marées mitoyennes qui arrivent ordinairement vers les nouvelles et pleines lunes; et les grandes marées, des solstices et des équinoxes.

Pour procéder avec ordre et répandre autant de clarté que l'on peut sur une matière semblable, je crois indispensable d'exposer le tableau de l'établissement des marées dans l'océan Atlantique, sur les côtes correspondantes de l'Afrique et de l'Amérique méridionale, depuis les caps de Bonne-Espérance et de Horn jusque vers le tropique du Cancer.

On y remarquera les heures où la mer est pleine sur les côtes des deux continens, avec l'élévation des eaux à-peu près sous les mêmes parallèles.

Ce tableau est d'autant plus nécessaire qu'il fera voir que les marées se succèdent comme les flots d'un torrent irrité, et qu'elles se portent avec plus de fureur sur les côtes orientales des continens, comme cela doit être dans l'hypothèse que je décris, que sur les côtes opposées.

TABLEAU

De l'Établissement des Marées, ou de l'Heure où il est Pleine Mer dans les Ports des deux Continens sur la Côte Occidentale de l'Afrique, et sur la Côte Orientale de l'Amérique, avec la plus grande Hauteur des Marées à-peu-près sous les mêmes Parallèles.

NOMS DES LIEUX.	Heures.		haut.		latitud méridion.
AFRIQUE OCCIDENTALE, MÉRIDIONALE ET SEPTENTRIONALE JUSQU'AU DÉTROIT DE GIBRALTAR.	h.	m.	pi.	p.	degr
Au cap de Bonne-Espérance.	2	»	3	»	35
A l'île de Ste-Hélène. . . .	2	15	2	8	17
Dans le golfe de Bandi, Côte-d'Or.	4	»	»	»	6
Au cap Corse; Côte-d'Or. .	3	3o	7	»	6
A Sierra-Leona	8	15	»	»	9
Au cap Vert, île de Gorée .	7	45	3	»	15
A l'entrée du Sénégal . . .	10	3o	»	»	20
Au cap Blanc	9	45	»	»	21
Au cap Boïador.	12	»	»	»	»
Aux îles Canaries	3	»	8		28
A Funchale dans l'île de Madère.	12	4	12		33
Au cap Geer	2	15	10		34
Depuis le cap Cantin jusqu'au détroit de Gibraltar, le long des côtes de la Barbarie.	1	3o	10		»

Les degrés de latitude ne sont marqués ici que par aperçu, mais cela suffit; le reste est comme M. Dulague le donne dans son Traité de navigation.

NOMS DES LIEUX.	Heures.		haut.	latitude.
AMÉRIQUE MÉRIDIONALE ET SEPTENTRIONALE ORIENTALE.	h.	m.	pieds	degr
Au canal de Noël; Terre de Feu.	2	3o	3	55
Au détroit de Magellan; entrée orientale	11	»	21	54
Aux îles Malouines; port de la Solidad.	5	»	7	53
A la baie de S.-Julien . . .	4	45	25	49
Au port Désiré	4	15	25	»
A l'embouchure des Amazones.	7	»	3o	»
A Cayenne	3	45	6	5
Sur les côtes de la Guyanne.	6	»	15	6
A Carthagène	2	»	10	10
A l'île de la Tortue. . . .	6	»	5	19
A l'île S.-Domingue, môle S.-Nicolas.	6	»	3	20
Au cap de la Floride . . .	7	3o	»	»
A Carlestown; Caroline. .	3	»	»	»

On voit d'après ce tableau que la pleine mer

arrive à la même heure à des distances considérables, par exemple : au canal de Noël et à Carthagène , tandis qu'elle arrive presqu'à toute heure dans les lieux intermédiaires.

En second lieu, on peut remarquer que dans ces lieux intermédiaires les marées se succèdent sans ordre, que la distance de ces endroits à l'Équateur, n'empêche point que les marées n'y arrivent plus tôt que dans ceux qui sont plus près de la Ligne ; à Charlestown , dans la Caroline, elles arrivent à 3 heures ; à Cayenne, à 3 heures 45 minutes ; au canal de Noël, à 3 heures et demie ; aux îles Canaries, à 3 heures ; au cap Corse, à 3 heures 3o minutes ; tandis que presque sous la Ligne, la mer est pleine à 7 heures ; plus loin, du côté du midi, à 3, à 6, puis à 2 heures, plus à 6, et du côté du Nord, à 4, à 5, à 11, à 2 heures : sur les côtes orientales de l'Amérique et sur les côtes occidentales de l'Amérique du côté du Septentrion, à 10, à 7, à 8, à 3, à 1, à 2 heures, et du côté du Midi, à 9, à 12, à 3, à 12, à 2 et à 1 heure. Il n'y a donc aucune régularité, ni dans les tems de pleine mer, ni dans l'élévation des eaux. Cependant si le Soleil ou la Lune étaient cause des marées, en passant au méridien lorsqu'ils sont tous deux au tropique du Capricorne, ils devraient élever les eaux plutôt au cap de Bonne-Espérance qu'à l'île Sainte-Hélène, à l'île Sainte-Hélène plutôt qu'au cap Corse, et là plutôt qu'à l'entrée du Sénégal, etc.; plutôt aux îles Malouines qu'au détroit de Magellan, etc., le contraire arrive. Donc, le flux a une autre cause que celle de l'attraction solaire et lunaire : car il n'y a pas le long des côtes de l'Afrique et de l'Amérique méridionale, des sinuosités capables d'occasionner des différences aussi notables dans la succession des marées, depuis le tropique, pris pour terme, jusqu'au dernier lieu indiqué.

On peut encore observer que la hauteur des marées ne suit point non plus la proximité des astres de la Lune et du Soleil; car vers notre climat, elles sont bien plus grandes que vers le climat du Midi, ce qui ne devrait pas être, puisque l'attraction n'est jamais perpendiculaire sur nos mers, et malgré cela les eaux s'y élèvent jusqu'à 20, 30, 40 et 60 pieds, et même plus. Ce phénomène tient à deux causes dont je parlerai bientôt.

En comparant les marées qui ont lieu le jour de la nouvelle et pleine lune sur les côtes opposées des deux continens de l'Afrique et de l'Amérique, on remarque qu'il n'y a presque point d'heures dans le jour où il ne soit pleine mer en quelque endroit, entre les deux tropiques. D'où je conclus que les marées n'attendent point le passage des deux astres par le méridien.

Si le globe, dit M. de Lowenorn (*), capitaine de frégate, Danois, était sans aucune terre, mais seulement couvert d'eau d'une profondeur égale, on aurait indubitablement les conséquences suivantes : l'aplatissement des pôles serait plus fort, on pourrait calculer l'heure de la haute mer dans tous les points du globe; il y aurait un courant constant de l'Ouest vers l'Est à cause de la rotation du globe autour de son axe en sens opposé, et l'on serait porté par la force centrifuge à s'approcher de l'Équateur. Le mouvement des glaces du pôle le porte à tirer ces deux dernières conséquences.

J'ajoute, comme le globe est composé de terre et d'eau, et assez irrégulièrement, l'aplatissement des pôles ne peut être aussi considérable et les marées aussi régulières à cause des obstacles qu'elles rencontrent dans le gisement des terres. De là que doit-il arriver? Que les

---

(*) *Annales maritimes*, année 1823, T. 1, p. 44.

eaux. par le mouvement de la Terre de l'Est vers l'Ouest, doivent se porter en sens contraire et se diviser vers le cap de Bonne-Espérance pour entrer une partie dans les mers des Indes par le cap de Horn, et une autre partie dans la mer Atlantique, et la parcourir du Sud au Nord en serpentant, se portant d'abord vers le golfe de Guinée qu'elles ont creusé, puis le golfe de St-Domingue qui est leur ouvrage, d'où elles se répandent vers le Nord en forçant tantôt d'un côté, tantôt de l'autre, les obstacles que la Terre leur oppose.

Les distances sont grandes et les ondulations que vous supposez sont immenses, sans doute; mais l'Océan qui les produit n'est pas un bassin étroit. Il ne faut que considérer une mappemonde pour voir que c'est cette prodigieuse ondulation qui, doublant le cap de Bonne-Espérance, a creusé par son impulsion le golfe de Guinée; de là rejetée sur les côtes de l'Amérique septentrionale, elle a formé le golfe du Mexique et toutes les îles qui en dépendent; puis, repoussée par les côtes de l'Europe, elle a creusé les baies du nord de l'Amérique, dont les principales sont la baie d'Hudson et celle de Baffin.

Si l'on fait attention à la hauteur des marées, on verra qu'à l'embouchure du fleuve des

Amazones elles s'élèvent jusqu'à 3o pieds environ, et que sur la côte correspondante de l'Afrique, les marées ne s'élèvent qu'à 4 à 5 pieds.

En général, il me semble que les marées sont plus faibles alternativement sur un rivage que sur l'autre; aux Antilles, que sur les côtes de l'Europe ; plus elles croissent, plus elles approchent du nord de l'Amérique, de sorte qu'elles sont presque nulles sur les côtes de la Norwège : preuve, ce me semble, que cette grande ondulation produite par le mouvement diurne de la Terre en s'avançant dans le canal de l'océan Atlantique vers le Nord, se trouve rejetée d'un côté et de l'autre, parce que venant à heurter obliquement contre les côtes de l'Afrique au cap de Bonne-Espérance, et du pays des Hottentots, elle se trouve rejetée vers les côtes de la Guyenne, et ainsi de suite comme je viens de le dire. Voilà pourquoi les courans portent dans ce canal, tantôt à l'Est et tantôt à l'Ouest, et que les rivages des deux continens sont morcelés sous différentes latitudes.

Il ne faut pas croire que les morcelures profondes qui se trouvent tantôt du côté de l'Afrique, tantôt du côté opposé, n'aient point une cause et une cause puissante, telle que celle dont je parle. Le soulèvement des mers causé par l'attraction, ne me paraît pas suffisant, d'autant que son action doit agir sur un rivage comme sur l'autre; car les eaux de la mer en retombant sur elles-mêmes, doivent morceler sous les mèmes parallèles les rivages opposés, et ce refoulement des eaux, quelque masse qu'elles présentent, ne seraient jamais venues à bout de creuser la mer de Guinée, le golfe du Mexique avec ses dépendances, séparer l'Afrique de l'Espagne par la Méditerranée, creuser le golfe de Biscaie, séparer l'Angleterre de la France, et donner passage à l'Océan dans la mer Baltique. Il a fallu une autre puissance pour occasionner tant de désastres. Qu'on se représente quelle puissance, quelle force pouvait avoir cette masse d'eau poussée par le mouvement de la Terre et par sa propre mobilité, dans l'origine des choses ou dans les tems les plus voisins, surtout lorsque la mer, resserrée en bien des endroits, ne pouvait s'étendre, et l'on verra que cette ondulation dont je parle, et qui cause ce que l'on appelle flux et reflux, était plus que suffisante pour opérer tous les changemens qui sont arrivés à la surface du globe; car je ne crains pas d'avancer que, s'il n'y avait point eu d'autre cause des marées que l'attraction du Soleil et de la Lune, les rivages de la mer n'auraient jamais été morcelés, hachés, entamés comme ils le sont. Quelques pouces d'eau, ou si l'on veut même, quelques pieds élevés par l'attraction du Soleil et de la Lune, en retombant sur eux-mêmes, ne sont point capables d'élever les marées dans nos parages à 25, 3o et 4o pieds, et même beaucoup plus, ni de défigurer le globe au point où nous le voyons.

On me fera une objection : Dans votre système, comment rendrez-vous compte de l'inégalité des marées qui croissent et décroissent avec la Lune?

Ce phénomène tient à la mobilité de l'élément qui est en action. Cette masse d'eau qui compose l'Océan n'obéit pas sans quelque lenteur à l'impulsion du mouvement de la Terre, ce n'a été que par degré que toute la masse y a été sensible. D'abord ça été la première surface, ensuite la seconde, et au bout de quelques jours toute la masse a été mise en mouvement; ensuite il y a eu une espèce de repos. L'expérience nous dit qu'une force quelconque, après s'être élevée à sa plus grande puissance, décroît presque de la même manière qu'elle arrive à sa plus grande hauteur. Nous voyons à-peu-près la même chose dans les flots qui battent le rivage. Il y en a toujours un sur douze ou quinze qui est plus grand que les autres, et qui décroît insensiblement. Or, ce qui se fait ici en petit, s'exécute en grand dans les grandes ondulations de l'Océan.

On ne demandera pas sans doute pourquoi cette augmentation suit les phases de la Lune et le cours du Soleil; car je pourrais demander aussi pourquoi ces deux astres réglent-ils leurs cours sur le mouvement de l'Océan? Pourquoi la végétation suit-elle le cours du Soleil? pourquoi la fièvre vient-elle par accès? pourquoi la rage n'est point continue? pourquoi la santé a ses périodes? etc., etc.

Je ne fais dans tout cela que poser des bases. Cet ouvrage n'est qu'un aperçu que je donne pour faire réfléchir ceux qui ont plus de talens et de sagacité que je n'en ai. Mais je ne puis croire que si l'on vient à examiner les dégâts que la mer a faits sur les rivages, on ne reconnaisse pas une force particulière dans les marées qui inondent les contrées et qui ont causé tant de ravages sur les terres voisines de la mer.

Tout concourt à faire sentir la cause à laquelle j'attribue le flux et le reflux des mers, l'ouverture des baies, le gisement des caps, la forme particulière des îles sous tel ou tel parallèle, les sinuosités même de la mer Atlantique, comme je viens de l'exposer, en un mot toute la surface du globe.

On admire le mouvement périodique des eaux, et l'on en va chercher à trente millions de lieues la cause efficiente Je ne doute nullement que les grands hommes n'aient vu dans le Ciel ce que je n'y vois pas, mais je suis bien persuadé qu'ils y voient souvent ce qu'ils veulent. Au reste, si l'effet est grand, la cause que je lui donne ne lui est pas inférieure.

Enfin, pour dernière preuve, on a remarqué en 1818, qu'il règne le long de la côte occidentale du Groenland et de la côte de l'Amérique, un courant perpétuel qui vient du Nord, d'où l'on tire une **con**séquence qui est : qu'il est à présumer qu'il existe une communication non interrompue entre le détroit de Davis et le grand bassin polaire ; car, dit-on (*), si le Groenland touchait au continent de l'Amérique, il serait difficile de comprendre comment un courant constant pourrait porter du fond de la baie de Baffin, et surtout com-

---

(*) *Annales mar.* année 1818, p. 619.

ment il pourrait avoir une vitesse de quatre à cinq milles à l'heure.

Or, comment ce courant pourrait-il être perpétuel, s'il n'était alimenté par les eaux que la rotation de la Terre attire sans interruption vers les pôles et repousse de même vers l'Équateur? et si le mouvement de la Terre est capable de produire aux pôles un semblable phénomène, comment ne pourrait-il pas causer sous l'Equateur le même phénomène, c'est-à-dire, ces grandes ondulations qui forment le flux, comme je l'ai dit tout-à-l'heure? Ce flux n'est-il pas un courant perpétuel qui met en mouvement les eaux de toutes les mers et de tous les Océans?

Le courant indiqué, continue l'auteur, est placé par conjecture; mais celui qui entre dans le bassin par le détroit de Behring et qui en sort pour entrer dans l'Atlantique, est bien réellement existant.

On objecte, dit-il, que le capitaine Cook n'a presque point trouvé de courant au Nord du détroit de Behring, et l'on répond que dans le voisinage d'une écluse, il n'y a presque point de courant à la surface, tandis que par-dessous, les eaux se précipitent avec fureur (*).

____

(*) *Annales mar.* 1818, p. 623.

C'est un fait, dit l'auteur, qui n'admet aucun doute que celui d'un courant continuel qui sort du bassin polaire pour entrer dans l'Atlantique; il est difficile d'expliquer comment un courant pourrait continuer, s'il n'y avait pas un autre courant qui fournît continuellement de l'eau à ce bassin (*).

Et moi, je demande comment ces courans pourraient avoir lieu, si les mers n'étaient pas dans un continuel mouvement par rapport au mouvement de la Terre?

En pleine mer et dans les latitudes élevées, le courant n'est jamais aussi violent que dans le voisinage de l'Équateur, a-t-on observé. Ceci doit être dans le système que j'expose, on en sent la raison : la commotion est plus grande.

Le courant près de l'Équateur et dans presque toutes les parties de l'Océan se porte plus souvent, dit-on, vers l'Occident que vers l'Orient, et lorsque le courant affecte une direction à la surface de la mer, il a souvent une direction sous marine tout opposée (**).

Tout cela, loin de m'être contraire, me fa-

(*) *Ibidem*, p. 624.
(**) *Annales mar.* T. 2, année 1824.

vorise: car qui dit le plus souvent, ne dit pas toujours, et comme il y a courant en sens opposé, on ne peut me faire une objection sérieuse.

Je finis en persistant toujours dans mon aperçu : voilà ce qui me restait à dire pour faire comprendre ma pensée.

FIN.